在一杯茶中安顿身心

唐公子——著

SPM
南方出版传媒
广东人民出版社
·广州·

图书在版编目（CIP）数据

在一杯茶中安顿身心 / 唐公子著．—广州 ：
广东人民出版社，2017.10
ISBN 978-7-218-11988-5

Ⅰ．①在…　Ⅱ．①唐…　Ⅲ．①茶文化—中国
Ⅳ．①TS971.21

中国版本图书馆 CIP 数据核字（2017）第 199540 号

Zai Yibei Cha Zhong Andun Shenxin
在一杯茶中安顿身心
唐公子　著

出 版 人：肖风华

责任编辑：马妮璐
装帧设计：伍　霄
责任技编：周　杰　易志华

出版发行：广东人民出版社
地　　址：广州市大沙头四马路 10 号（邮政编码：510102）
电　　话：（020）83798714（总编室）
传　　真：（020）83780199
网　　址：http://www.gdpph.com
印　　刷：北京博海升彩色印刷有限公司
开　　本：880mm×1230mm　1/16
印　　张：14.5　　**字　　数：**180 千
版　　次：2017 年 10 月第 1 版　2017 年 10 月第 1 次印刷
定　　价：58.00 元

如发现印装质量问题，影响阅读，请与出版社（020－83795749）联系调换。
售书热线：（020）83795240

序言

自序

1 CHAPTER 1
第一部分

CHAPTER 2

第二部分

3 CHAPTER 3 第三部分

跋

序　言

一枕鸟声残梦　半窗花影独饮中

读唐公子的书稿，即使他写的是茶书，我亦有着读小说的恍惚感。他行文既清且淡，并不刻意强调“我”之存在，却又遥遥可见个人独到的趣味。一如他泡的茶，无论是武夷岩茶、潮州单枞、云南普洱，还是红茶、白茶、绿茶都能既不掩茶本有的风味，又有他的个人的特点。

我们俩曾试过，同样的“马肉”，我泡的就更金戈铁马，隐隐有杀伐之气，而他明显就更有山野逸气。是因为，他的骨子里，比我更文人吧。虽然我们俩看起来都是文人。

唐公子在我心里，是像水一样的男人，温润，从容、清定。没有明显的缺点，没有强烈的攻击性，一直很清醒很包容。这样的人，久处不厌。就像泡茶时的水一样，不可或缺。

他爱茶，爱在自然，他的分享从不是强迫似的，他也从未曾想把这兴趣做成生意。于是就保留了恰到好处的自在。

就我个人而言，我实在是很怕那些仙风道骨的茶客茶人，一顿茶（别怀疑，没写错，就是一顿饭的一顿，因为通常会喝很久，堪比一顿饭）喝下来，通常会出现两个结果，其一是觉得自己是文盲兼茶盲，以前喝的敢情都不是茶；其二是觉得，我听你说了这么多，喝了这么好的茶，不掏钱对不住你又泡又说。

实话实说，这两种感觉都让我有很大的压力。

好在唐公子不是这种人，所以我很喜欢和他在一起喝茶，喝他泡的茶。他也常常携一泡好茶来寻我，深谙茶性，泡得得法，娓娓道来，有问必答，从不故作高深。

他是我的茶书、茶罐、茶柜子，我想知道什么关于茶的信息我就去问他，简直是个人工自动语音搜索引擎。

这些年来，知道他过得表里如一，清简节制。如果用文字描述起来很像言情小说都市偶像剧里标配男主角的设定：斯文清俊，性格平和，待人谦和，人到中年，事业有成，注重生活品质，内心温存笃定，保持运动健身，工作闲暇，喜欢读书写作旅行。但是不夸张，以上每条描述，都是我这么多年亲眼所见，如果大家有机会见到他，我相信你们会认可我的形容。

他是一个归隐在都市中的修行者。

不用故弄玄虚，不要故作高深。大抵什么样的人生阅历，什么样的地缘环境、生活习惯而喜欢喝什么样的茶是没错的，你无法强迫一个习惯用大茶缸子泡绿茶的人去欣赏日本茶道的清寂规整，你也无法逼一个喜欢喝岩茶的人欣赏茉莉高片。

一个人喜欢哪种茶，就像喜欢一个人似的，也许可以列出千万个理由，也许根本不需要理由。这当中，有因缘的深浅，喜好的差别，却没有本质的高下之别。

喜欢白居易那一句："无由持一碗，寄与爱茶人。"我们可以以水为媒，以茶会友，寻找到与己心契的人，也可以读一本风情卓然的书，在字里行间寻回自己对生活对茶最本真的了解和热爱。

唐公子的这本书，说的是茶，又不尽然是茶，他写了一些他熟悉的真正爱茶懂茶的人，道出了他一直秉持的生活态度和信念。只要拥有足够的定力和勇气，面对外界的纷扰，依然可以选择简单而自在的生活。

“一枕鸟声残梦里，半窗花影独饮中”，说来不免要故作惆怅。如今这样的时代，很难像古人一样寻到意念中理想的归隐之地，即使有，也多半需要费尽苦心去构建，想彻底像古人那样避世而居是很难的。

何况亦无那种必要，如唐公子这般就很好，忙时工作，闲时访茶，做一个内心古朴丰盈的现代人。“雪沫乳花浮午盏，人间有味是清欢。”真正爱茶懂茶的人一定可以意会苏轼说的“有味”和“清欢”之意，也一定可以了解如何通过茶去打开心灵，安顿身心。

序　言

生命中的一杯茶

打动我的，是唐公子这本新书的名字：《在一杯茶中安顿身心》。茶与现代中国人之间存在着一种精神和心灵上的契合。

中国人的饮茶文化漫长，但是直到唐代茶圣陆羽的出现，才将饮茶之道上升为一种极为讲究的，更堪称是艺术化的、浪漫化的行为。

也是在唐代，卢仝的《七碗茶歌》最为人称道："一碗喉吻润，两碗破孤闷，三碗搜枯肠，唯有文字五千卷，四碗发轻汗，平生不平事，尽向毛孔散，五碗肌骨清，六碗通仙灵，七碗吃不得，唯觉两腋习习轻风生。"

这几年，我爱上了喝茶，国内国外的演出，空中飞人一样的生活，坐下来喝一杯茶时，才让我感受到了一种内心的自在与从容。

我与唐公子，则也是真正意义上的以茶结缘的朋友。印象里，在他北京的寓所，除了各种茶具和茶，便是一摞又一摞的书。空间虽然不大，但是自有一股清气和雅致之意。书与茶，几乎是我对唐公子最直观的感觉。

除了在北京时常茶聚外，我们也曾经有过一起外出访茶的经历。第一次是去云南的西双版纳，探访古树普洱茶。第二次则是去福建的武夷山，探访武夷岩茶与桐木关的红茶。跋山涉水，行走云水之间，让我更加感受到了唐公子对茶的热情与热爱。

唐公子的整个人是安静通透的，就像一杯清茶。也许是有了书与茶的滋养，他的文字也是别具一种灵动之气。不缓不疾，读来让人有一种内心的安定感。我想，那是因为他在每一篇文字中都融入进了自己的真情实感吧！

最重要的，他的淡定与安然更是因为他在眼前的这杯茶中找到了自己。印度的大文豪泰戈尔曾在《吉檀迦利》中写道：“旅客要在每一个陌生人门口敲叩，才能找到自己的家门。人要在外面到处飘流，最后才能走到最深的宫殿。”

生命中的每一杯茶，都是唐公子的庙宇，也是他的殿堂。

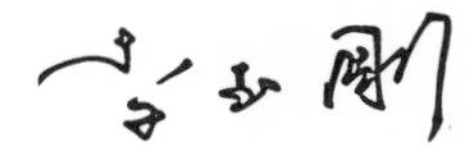

自　序

访茶终南

终南山在爱茶人的心里，实在是一个理想的饮茶去处。

或许，每个人爱茶人的心里，都有一座属于自己的终南山。

“终南何有，有条有梅。……终南何有，有纪有堂。”最早令我对终南山产生一种精神意义上的向往的，还是美国作家比尔·波特的《空谷幽兰》。受到寒山与拾得两位僧人诗句的影响，身为美国人的比尔·波特在终南山开启了他寻找中国传统隐士的旅程。他在寺院、道观、山岩、陡峭的窄路，寻王维手植的那棵银杏树。最终，他在终南山寻找到的是什么呢？一种根植于生活中的独处的乐趣，“不是离群索居，而是因为更深的觉悟与仁慈”。

张剑锋的终南之寻则更为具象，他写《寻访终南隐士》一书，相信也是受了比尔·波特的某种启迪。渭河、炊烟、茅屋、菊花、松树、采药人、白云、山林、断壁、洞穴。“某个黄昏，我坐在群山中的某个孤峰上看霜桥鸟迹，水流花深。”“山中的泉水从五千年以前流过来，我是河边行走的路人，山中岁月如长沟流月，当月亮起来了，终南山的大小百千山谷里的百千河流映着百千明月……”

诗一样的文字，充满灵动感，如同云朵在山崖间升起。

在写作此书时，我内心有一个念想，能去终南山喝杯茶，将喝茶的感觉融入文字中，应该是一件妙事。起心动念未及多久，我便受到盛世甘霖老朋友王振国的邀请，去终南山喝茶访水。

“精茗蕴香，借水而发，无水不可与论茶也。”好茶需要用好水泡，已经是饮茶人的共识。茶与水的关系，陆羽在《茶经》里早有提及，他言，器为茶之父，水为茶之母。爱茶之人，于泡茶用水极为讲究。“其水，用山水上，江水中，井水下”，即“其山水，拣乳泉，石池，漫流者上，其瀑涌湍漱勿食之”，“江水取至人远者，井水取汲多者”。

宋代宋徽宗在《大观茶论》中说：“水以清轻，甘洁为美，轻甘乃水之自然，独为难得。”他认为，直接影响茶汤品质的是水的清洁度。

明朝的田艺蘅在《煮泉小品》中提到："清，朗也，静也；澄水之貌。"只有清洁透明之水，才能使茶色完全显现出来。甘甜为口感，这是因为泉水中有微量的碳酸氢钙，古人不懂得这个道理。高濂在《遵生七笺》也曾讲："凡水泉不甘，能损茶味。"

我饮茶数年，对于茶与水的奥妙已然领悟，遂踏上了前往终南山的旅程。我们的目的地是牛背梁，距离西安市有58公里的车程。

我们下榻的翠微宫也颇有来历。终南山下，翠微留名。在唐代，翠微宫是唐太宗的避暑行宫。从天竺取经归来的玄奘法师，亦曾随唐太宗在此暂住，并译出了《般若波罗蜜多心经》。史料记载，唐太宗生命中的最后一段时光，便是在此度过的。太宗驾崩，翠微宫渐趋荒芜，一度曾为密宗古刹，又消逝于荒野中。

翠微宫建在山野间，临窗而立，便可见青山绵亘，白云缭绕其间。夜深人静，可听闻水声潺潺。白日里，我们沿山路而上，踏寻秦楚古道。车辚辚，马萧萧，千年历史如烟云，只有窄窄的秦楚古道可供后来者追忆当年。沿着有一千五百年历史的石板台阶一路行来，冷杉、杜鹃、冰川、草甸，白云飘摇，山风阵阵。我们花了近两个小时的时间，到达南草北甸的分界线处，瞬间雾霭四合，风中夹杂着雨点，席卷而来，寒意逼人。我们担心山巅的闪电霹雳，未做太久停留，便折身回返。眼前一片苍茫，确有"太乙近天都，连山接海隅”的气象。同行的朋友唱诵着《心经》，内心方觉安定。

另一日，我们去山中访泉。徒步而行，漫步翠色山中，竹林环绕，四处泉水汩汩，溪水声声，白色瀑布如练如缎，自山崖落下。我们驻足观水，水清澈无比，凉意袭来。我们到了深山的一处草坪，却听闻人声。原来，是几位从西安开车过来的茶友来此山中品茗静心。

皆是爱茶之人，他们便邀我们坐下来喝杯茶。茶台是天然的石头，煮茶的水是旁边的山泉水，茶是普洱熟茶。他们以酒精炉的小锅煮水，待水冒泡时关掉火，又以素雅白色青花瓷壶泡茶，杯子也是小瓷杯。酒红色茶汤在白色瓷杯里显得格外澄澈透亮，我只觉入口回甘细绵，喉部如涌泉。

终南山之行，我原本还要拜访一位在此修行的出家人法清法师，去探访他的茅棚禅寺，讨一杯茶喝。那座建筑在水边的禅寺，古朴明朗，深得我心。但是不巧，在我们出发的头一天，他便要飞往广州弘法。缘分就此错过，我心中略生憾意。

有缺憾，或许才圆满。

他日，再续茶缘。

第一部分

CHAPTER 1

1 最美的体悟，在当下一杯茶中

2 人歌小岁酒，花舞大唐春

3 一碗茶汤的奥义

4 岩骨花香是真味

5 饮茶，一切如空

6 在安静中守候一碗茶汤

NO. 1

最美的体悟，在当下一杯茶中

杨智深曾以“穆如”为名，开了一家茶室。这间茶室，与众多咖啡店、画廊、精品店比邻，门口种植着数株修竹，完全是一种大隐隐于市的感觉。“穆如”之名，源自《诗经・大雅》中“吉甫作颂，穆如清风”的句子。

推门进去，里面别有洞天。门的右手边的石磨样净手池，应该是来自日本茶道饮茶前先净手的灵感。看脚下，室内挖了水渠，清水流转，数尾红黄相间的锦鲤游弋其间。墙上挂着充满当代艺术风格的油画作品，长条几案上则放着一匹奔放的青铜马、一块仿佛宋画里的假山石。茶席的布置，则是从黑金色大漆的干泡茶台到考究的雕花薄胎白瓷杯、蓝色钧瓷水洗、精致的紫铜香炉，所用的盖碗也是他亲自监制，上面绘着童子嬉戏的图案。

“我们需要在生活中找到哪怕一个角落，来承载中国的传统文化。”曾在香港中文大学中文系古典文学专业念书的杨智深，与茶渊源甚深。他生命中品饮的第一泡茶，是父母自故乡带来的乌龙茶，凤凰单枞，珍重如故园旧

雨，只有在亲朋串门时才会被拿出来分享。

或许与喜欢文学专业一脉相承，杨智深迷上了京剧与茶事，并且拜一位名为颜礼长的老先生为师。后来，他的大学老师叶明媚又引荐他到霍韬晦先生创办的法住文化学院开办茶事课程，更得到潮汕泰斗饶宗颐先生之鼓励。

早在26岁，年纪尚轻的杨智深就与朋友合开了一家名叫“真茶轩”的茶馆，地点就在尖沙咀的一个僻静处。面积虽然只有一百多平方米，租金却颇为昂贵。两年后，他又独立开了一家新的茶店，取名为“水云庄”，地点同样在尖沙咀。这两家茶店都成为香港文化界人士最爱的去处，导演、编剧甚至明星，纷纷在此现身喝茶。

“一度，香港的茶餐厅里风靡香片、普洱、水仙和寿眉。”杨智深告诉我，“后来随着饮茶人日益增多，作为绿茶的龙井也开始流行起来。”讲起香港人饮茶的掌故，他滔滔不绝。“以普洱茶中的宋聘为例，多少人都是一直听闻却从来不曾喝过。后来我收了一批新中国成立前生产的老普洱，发现了有龙马双标的老字号同庆号。”后来，他把自己收的那批老普洱茶卖到了台湾，包括几个现在说起来在两岸茶界都闻名遐迩的茶人，皆是他当年的主顾。

抗战期间，不少包括上海人在内的内地名流和权贵阶层逃至香港，也带去了讲究的饮茶方式，老六安和老普洱是其中代表。“在过去，尤其是民国时期，老六安是讲究的大户人家才喝的茶。饮茶如同出身，不一样就是不一样。但是现在，世易时移，它已经没落了。”

幸运的是，在杨智深的家里，我与同行的朋友喝到了一款他收藏的二十世纪五十年代的老六安茶，已经有五十多年的历史，珍稀异常。茶就放在一个已经泛黄的竹篮中。他小心翼翼地打开竹篮，里面是一层颜色深沉的箬叶，打开箬叶，里面才是老六安茶。他抽出一张巴掌大的红色内飞给我看，因为时间久远，那张内飞早已经变得褶皱脆薄。“老六安里面，有时最多会放六张内飞用于防伪。一层茶叶，一张内飞，再一层茶叶，又一张内飞，不厌其烦，足见其珍贵。”内飞的颜色，除了常见的红色，还有白色、粉色等。单看外形，棕褐色的茶芽如同普洱的宫廷料，但实际上，老六安茶属于蒸青绿茶。“现在，许多人都在争论有没有老绿茶，老六安就是老绿茶啊。”他笑着说，“只是大多数人不了解而已。”

若是单单从健康的角度饮茶，杨智深认为自古以来，茶犹药，要注意饮茶的时令性。就如当下，北方炎炎夏日，他为我泡了一杯黄山毛峰，微微苦涩，却可以去除夏日的火气与躁动。如若从品鉴的角度，他最喜的还是老普洱和岩茶。尤其是后者，工艺复杂，内含物质丰富，啜一口茶，耐人百般寻味。

“以岩茶中的水仙为例，向来有水仙十焙成金的说辞，这并非空穴来风，而是有记载的。”杨智深自己曾经有过品饮十焙水仙的经历，至今回忆起来，

依旧回味不已，“其中妙处，只可意会，不可言传。”

身为香港第一代茶人，杨智深除了对茶有自己的鉴赏角度与品味，对于茶器与茶具也颇有研究。

“茶文化从唐代开始，到明代，中国的茶文化一直在演变中，茶具也在不断发生变化。我们现在的泡茶方式，即淹茶法，或称之为瀹茶法，实则是延续自明代。”早些时候，香港的老茶多，老茶具也多，好东西看多了，加上自身的悟性，他对茶具之美有了自己的看法。二三十年下来，不论是对紫砂壶还是景德镇的瓷器，他都慢慢形成了自己的审美体系。“自己先学会泡茶、品茶，感受完之后再去理解背后的东西。”他自己设计茶具，多次往返香港、北京、景德镇，“一个东西能不能成型，原因是很复杂的，不光是形状，还有材质和颜色，它呈现的是一种整体的感觉。”

在研究茶具的过程中，他始终把握一个原则，那就是“度”。“度”是一种平衡，也是一种审美，甚至是一种哲学。“如果要做一把壶，或者做一个杯子，它们最基本的功能首先是能被使用，不能背离这个原则。否则，设计得再美，也没有价值。”

“所谓真、善、美，为何把真排在第一位？那一定是有其道理的。中国文化之美有不可动摇的价值。对于茶具而言，美一定是要最后考虑的，应该在确认它的功能性的基础上，在到达格物的层面后，再去谈美。”这就如同现代人饮茶时对建盏的过度迷恋一样。“建盏的使用，是建立在宋代人饮茶方式的基础之上的。宋人饮茶，由于茶的制作工艺的特殊原因，茶汤是白色的，并且上面有一层细腻的泡沫，需要用黑色或者其他颜色深沉的茶盏来衬托，以鉴赏茶汤的颜色和泡沫的细腻程度。我们现在所用的泡茶方法，延续自明清二代，茶汤的颜色偏清澈，所以用白色的瓷杯最易鉴赏茶汤的颜色和茶汤的变化。喝茶是一件需要把色声香味触五感打开的事情，茶汤的审美是其中一个重要视觉体验。饮茶方式在变革，茶器茶具当然也要随之变化，不可因为审美的需要而忽视茶的滋味与口感。毕竟，茶才是第一位的。”

日本茶道专精醇美，传承有序。韩国茶礼揖让有度，情貌动人。中国茶文化却一度断层，令人叹惋，无所适从。杨智深则推崇陆羽对茶的“精行简德”的态度。杨智深祖籍闽南，长于香港，见识过好东西，也曾拥有过不少收藏之物。但是，现在的杨智深却不收藏任何东西，包括自己手里的那些珍藏多年的老茶，他也是抱着一颗随缘自适的心，役物而不役于物。“哪一天能够遇到真正懂得这些老茶的人，我愿意将它们出让给新的主人。”

一切都不过是过眼云烟，最美的体悟，只在当下一杯茶中。

NO. 2

人歌小岁酒，花舞大唐春

“人歌小岁酒，花舞大唐春……愿得常如此，年年物候新。”赵为民喜欢初唐四杰之一的卢照邻的《元日述怀》一诗，对其中“花舞大唐春”一句尤其赞赏，于是干脆拿来做了自己第二家茶院的名字。在赵为民来看来，这五个字既包含了一种盛唐繁华气息，又充满了少年般的生机与进取精神。

我第一次来大唐春喝茶，是与韩国的金老师一道。犹记得，在渐黑的暮色中，金老师带我穿过人头攒动的南锣鼓巷胡同，穿过车水马龙的宽街，行经一座基督教堂，再绕过废墟般的施工工地，一路上磕磕绊绊地行走，终于在一个胡同口停下来。眼前是一个高大的门头，威严耸立。门口的两只红灯笼，在黑暗中分外惹眼。中间匾额上书“大唐春”三字，只觉笔力遒劲，有种风发意气。登上台阶，厚重的木门訇然打开，有人迎接我们进去。

甫一进入，便感觉别有洞天。这是一座三进的院落，宽大的照壁，低矮的院墙，爬满藤蔓。树木影影绰绰，核桃树、枣树、海棠树、香椿树枝叶繁盛。

曲廊回合，人影绰绰，只觉四处有光，但并不亮眼，来自唐宋时期的木雕佛像在半明半暗处沉思。我伫立在院中，嗅到了浓烈的植物气息与沉香的淡然味道。

金老师在西厢房泡茶，当晚喝的是他给赵为民所带的武夷山陈德华手做的岩茶大红袍。我们举杯啜饮，不经意间便看到楼宇烈手书的“养和斋”三字。只记得那一晚，我与赵教授相谈甚少，但是他的温暖敦厚，比茶更让人印象深刻。想到这座院子曾经是弘一法师在北京住过的地方，我心里便忍不住泛起一阵一阵的感动。

再度前往大唐春造访赵教授，则是拜另一位朋友沈思源所赐。我们几个人在院子里的一株百年核桃树下吃完晚饭，又出门去玉河边散步赏荷，方才回到西厢房喝茶。此番，赵教授端坐于茶席前，亲自为我们泡茶。他略带歉意地解释道，茶是下午就开始冲泡的古树生普。爱茶之人，多惜茶，尽管已经冲泡了二三十道，滋味犹存。如果弃之，未免有几分可惜，不妨物尽其用。

石青色泛着紫光的紫砂壶，出自赵教授之手，出汤断水极为流畅利索。出汤时，他将茶壶略略高悬，茶汤便在空中形成一道优美的弧线。茶席上的两把紫砂壶，一把已经用了半年多，经过茶汤的浸润，明显已经有了润泽光亮。另外一把只用了几天，尚有几分生涩感。

紫砂壶的圈口处镶了一道细腻的银边，与石青色的壶身相得益彰。初时，赵教授曾想过用镶金的工艺，终究因觉得黄金的颜色在茶席上太过于耀眼，与饮茶营造的宁静氛围相背离而作罢。“而且银会氧化，越用越好看，颜色会变暗，会变得斑驳，更有质感。”至于壶本身，制作的时候用的是紫泥，但是烧制的时候，用的是还原焰技术，所以，被烧制成了现在看到的石青色。每一把壶的壶身都不大，适合细细把玩，更兼内敛雅致，充满着明代文人的

气息。在每一把壶的底部，都铭刻着赵教授自己的诗文，在壶身内的壶底部分，则有他的落款。

通常而言，把瓷器做成圆形的容易成形，做成方形的则难。他新近又对这些茶杯进行了改良，他给我们展示手机里存的手稿，杯身矮了下来，开口则变阔了，以便适用于不同的茶类。

早在十几年前，赵为民就开始了他的紫砂壶创作。其动因也是为了寻找好的茶器，“对于泡茶而言，紫砂是良好的选择。但是，我在这个过程中遇到的一个问题，是我看得上的紫砂壶价格不菲，价格低的又入不了我的眼。某个机缘下，我干脆自己学习做紫砂壶，也由此开始了与宜兴紫砂壶大师的合作。”

清风壶、明月壶、天心壶、融合周易思想的元亨利贞壶……如此算下来，赵为民已经做了六七十把紫砂壶。对每把壶，他都撰写文章，记述创作缘由、心得等，极为用心。不经意间，他也成为中国紫砂文化的推动者与传播者。

我们喝茶用的八棱白色薄胎瓷杯，同样出自赵教授之手。这些手工茶杯在灯光下微微泛着象牙黄的柔光，表面略略凹凸不平，极为润泽。寻常的德化白瓷，经他的创意，变得无比雅致，文气十足。“之所以采用六棱，是因为胎体薄，喝茶时容易烫手。如果喝茶时手放在棱处，便不会感觉茶汤太烫。”

几杯茶汤入口，众人皆赞叹茶汤的甘美。实则是当晚泡茶所用之水，也极为讲究。不是一般的水，而是香山的泉水，它的酸碱性及矿物质含量都极为均衡，能最大程度激发茶的活性，远远超过国外的某些品牌的矿泉水。早些年，赵教授与夫人亲自开车到香山的泉眼处取水，每周一次。近几年，他们年龄渐增，开车多有不便，便有专人送水过来。由于院子里往来的人多，“每个月要用掉几十桶水”。

夜色越来越深，茶越泡越淡，谈兴却越来越浓。茶席上偶然振翅飞来几只小虫子，为饮茶增添了一种乐趣。

赵为民曾经撰写过一副对联，曰“抱琴应有仲尼意，读曲能无渔夫心”。那么，饮茶之心应如何？日本的茶文化思想传承有序，人们通常用“和、敬、清、寂”来形容之。在赵教授看来，中国的茶文化可以分为两个层面，一个是物质层面的茶，一个是精神层面的茶。“换而言之，一个是茶内的，一个则是茶外的。现在还是谈茶本身的居多，对于茶外的探讨，则比较少。”

“到底什么才算是中国的茶文化思想？”赵为民说自己也在思考和探索这个问题。“中国的佛教公案一直讲‘吃茶去’，所以茶中一定包含了很多值得我们去思考的东西。饮茶，品茶，谈茶。”

后来，在武夷山，赵为民又用这个观点跟汤一介教授交流。“汤教授说，饮茶还有一个境界，叫默茶，就是对茶无言，超越谈茶。我把汤教授的默茶一说，改为悟茶，意即用心感悟一杯茶。”

“所以，总结下来，中国人吃茶有这样四个层次：一为饮，二为品，三为谈，四为悟。前二者，是对茶的物质层面的理解，后二者，是对茶的精神层面的理解。”

哈佛大学亚洲中心资深研究员杜维明先生非常认同赵为民教授对茶的四个层面的理解。他在给赵为民的一封信中曾写：“茶，是可以饮、品、谈、悟的。”这表明他是同意赵为民的观点的。杜维明先生进一步说到，饮茶与品茶是体验知之，谈茶与悟茶则融合了心智、神明、灵觉以及身体之中的智慧。这是杜先生对中国茶文化的哲学化概括表达。

“在精神层面上，茶只是一个载体。它诱发了我们对一些事物，甚至是高纬度事物的思考。比如，大家通常会谈到‘禅茶一味’，到底何谓禅茶一味？现在许多茶空间里都会写‘禅茶一味’四个字，但是真的体现出禅与茶的真味了吗？”

反而言之，此时，在我们饮茶的西厢房内，并无“禅茶一味”四个字张贴出来，但是，却让人感觉到一种油然而生的禅意，处处是禅的境界。“通过茶，我们对自己的人生、对自己的生活状态有所思考，有所感悟，这才是饮茶的真谛吧！”

NO. 3

一碗茶汤的奥义

去岁在查济山一音禅师的禅院里，见到南山如济。临别的那个下午，如济端坐于院内潺湲流淌的溪水旁的山石上，以宋人饮茶的方式，为我们一行数人点茶，分茶，我内心只觉隆重。

8 月份去终南山访水，在西安再度与如济相逢。终南山上一片清凉，西安城里却尚有几分湿热。但是，我一进到如济的茶室，内心顿时安定清明了许多。

茶室内养了几只蝈蝈，清脆的鸣叫声此起彼伏，不但不让人觉得聒噪，反而增添了几分野趣，如同置身山野间饮茶一般。

“唐人饮茶，是将茶烹好之后，再在长桌上用茶勺将茶分到盏里。”在如济的茶室里，有许多他在早些年收藏的茶器茶具，皆是文物，如同一个私人博物馆。唐代的煎茶瓶、宋代的汤瓶，也有一部分宋代的酒器，不经如济

的介绍，确实难以区别。

穿上木屐，我们来到一座小小的庭院。茶亭、一道竹篱笆的门、枯山水、翠竹、黑松、睡莲、以唐代香炉做成的洗手钵、终南山的圆形石头、一道绕行的溪水、水中的几尾锦鲤、老梅树桩、芭蕉数棵、山间植来的蕨草……面积不大，却是别有洞天。捧一杯热茶，春天看花，夏天听雨，秋观落叶，冬日赏雪，日日都是神仙生活。

“这么多年来，我一直在做事情，从来没有停止过。”眼前的如济看似瘦削，却仿佛有一股深厚的内力，“有时候我也反思自己，觉得自己可以不做那么多事情，或许这是我建的最后一个庭院吧。”

有茶，有花，有山水，有院子，这才是中国人真正的生活方式。

几年前，如济就曾在终南山的山谷里修葺了一座茅棚，又搭建了一座茅亭，取名“南山厅”。这也是他南山如济名字的由来。很长的一段时间里，如济就在这座茅棚里栖身，煎水煮茶，耕种读书，与山中的其他隐士们和云游至此的过往者烧火煮茶，谈玄说妙，漫看云卷云舒，感受山中四时。桃花流水，天上人间。

“作为一个茶人，在外面需要一座茶亭，在内则需要有一间茶室。”如济笑言，“茶花、茶画、茶诗，也是作为茶人必不可少的。”

“中国同样有茶道存在，”如济说，“但是中国的茶道思想比较多元化。早在唐代，皎然和尚就提出了‘茶道’这一词。在日本，茶道最初被称为茶之汤。这一点，史书上都有明晰的记载。”

现代人喝茶，不仅恢复了一种文化状态，也恢复了一种属于中国人的生活状态。“只是谈‘文化’二字，难免会流于空洞，文化要落在衣食住行的层面上。传统文化不只可以用来宣讲，更可以看，可以闻，声色香味触法，

才是真正的文化。”

蝈蝈的叫声里，如济为我们泡上一盏老岩茶。所有茶具皆色调深沉，看起来并不起眼，却有一股高古之气。他用了一只漆盒作为泡茶台，还有一把黑色的小陶壶、几只素雅的小陶杯。

“古人究竟如何吃茶？这是许多爱喝茶的人十分感兴趣的。换而言之，为何古人叫吃茶去，而不是喝茶去？唐人吃茶采用煎茶法，宋人吃茶采用点茶法，与现在的泡茶法完全不一样。”

“谈到唐代的煎茶法，自然离不开陆羽的《茶经》。《茶经》是对煎茶法的完整记录，包括茶叶的采摘制作、煎水的器具等。看完《茶经》，对唐人的煎茶方式会有所了解。”

初唐的时候，茶被僧人引入寺院，后在皇宫和文人阶层流行开来。煎茶之法，蔚然风行。《神苑清规》中记载，院门特为茶汤，礼数殷重，受请之人不宜怠慢。《封氏闻见记》中也说道，南人好饮之，北人初不多饮。开元中，泰山灵岩寺有降魔师大兴禅教。学禅务于不寐，又不夕食，皆许其饮茶。人自怀挟，到处煮饮，从此转相仿效，遂成风俗。

唐人煎茶，在今人看来，异常繁琐。煎茶时需要先将茶饼用炭火炙烤，然后再碾碎，再投入到茶釜中煎煮，煮出沫饽为最佳。如济说，在陆羽的判断标准里，沫和饽都是茶汤的精华所在，但完全是两个概念。陆羽在《茶经》里说："沫饽，汤之华也。华之薄者曰沫，厚者曰饽，细轻者曰花。如枣花飘飘然于环池之上，又如回潭曲渚，青萍之始生；又如晴天爽朗，有浮云鳞然。其沫者，若绿钱浮于水渭，又如菊英堕于鐏俎之中。"

"杏花开的时节，坐在山顶上喝茶，白云会飘进你的茶壶里。当你下山的时候，你会觉得自己的脚步轻得像一朵云，完全忘记了疲惫。"如济曾在一篇文章中如是写。

他曾久居终南山的千竹庵里，终日晒茶、煮茶，像一位隐士隐藏在山里。最悠哉的是，在山里煎茶，需戴上斗笠去劈柴，生火，初开始，如济不懂得生火的秘诀，往灶膛里添了一大堆柴火，结果烟雾滚滚，人被呛得咳嗽。经当地山民的指点，他才明白了生火的奥妙——灶膛里的木柴不能塞得太满，否则空气不流通，火着不起来。

在山里生活，听起来风雅，实际也有不便利的一面。许多人就是忍受不了山中生活的诸多不便，而选择了离开。如济煮水用的一把壶，黑乎乎的烟色，乍一看会让人误以为是一把老铁壶，但实际上它是一把不锈钢的水壶。只是水壶被用的时间太长了，每天被烟熏火燎，自然变得满面尘灰烟火色。

他在山中饮茶用的茶台，是山里山民留下来的石磨。他所用的茶具，也是粗糙的茶碗。山上往往山风烈，适合煮茶。在如济看来，黑茶、乌龙茶、普洱茶可以煮着喝，绿茶、白茶、红茶也可以煮着喝。只要煎煮的方法与分寸得当，每一款茶都可以煮出茶中的奥妙。通常，煮过的茶与直接冲泡的茶不同的是，煮过的茶味道更为醇厚深沉。

陆羽在《茶经》里指出，山泉水泡茶最佳，为其有活力。如济在山里，近水楼台先得月，每次煮茶，都是去山间的溪水处打水。用活水、活火，煮出的茶意蕴无穷，如同山间浮云。

如今在山下城市里的茶室里，喝茶是如济每天的功课。第一道茶，奉给佛祖及诸位菩萨；第二道茶，回向众生和出家人；第三道茶，与友人或是自己品饮。

“学习煎茶之道，对人的心性成长有所裨益。”在学习煎茶技法的同时，也能加深内在的体悟。最重要的，是可以让人做事情变得有条理。如持续练习，那面对复杂的事物，人也会有充足的能量去面对。

目前，如济在全国设有五个点茶所和十个煎茶所，即五山十刹的茶传习所。所谓五山十刹，是源自南宋的理念。南宋当时在全国设有五山十刹，其中以杭州的径山寺为首。

他推崇日本茶人武野绍欧的一句话：“只要碗里的茶汤不凉，我愿意整天对着它。”武野绍欧这句话的意思，其实不是说让我们天天饮茶，而是要时时保持一颗茶之心。喝茶，最重要的是不是用口，而是用心。如此，才能品出一碗茶汤的真正滋味。茶汤的真味，不在于茶的色香味形，如果执着于茶的物质层面与感官刺激，那也是一种迷失。只有放下分别心，保持内心的清明灵动，才能感知到茶的禅意与真味。

毕竟，茶道的本质在于清心，同时，这也是禅宗的根本。

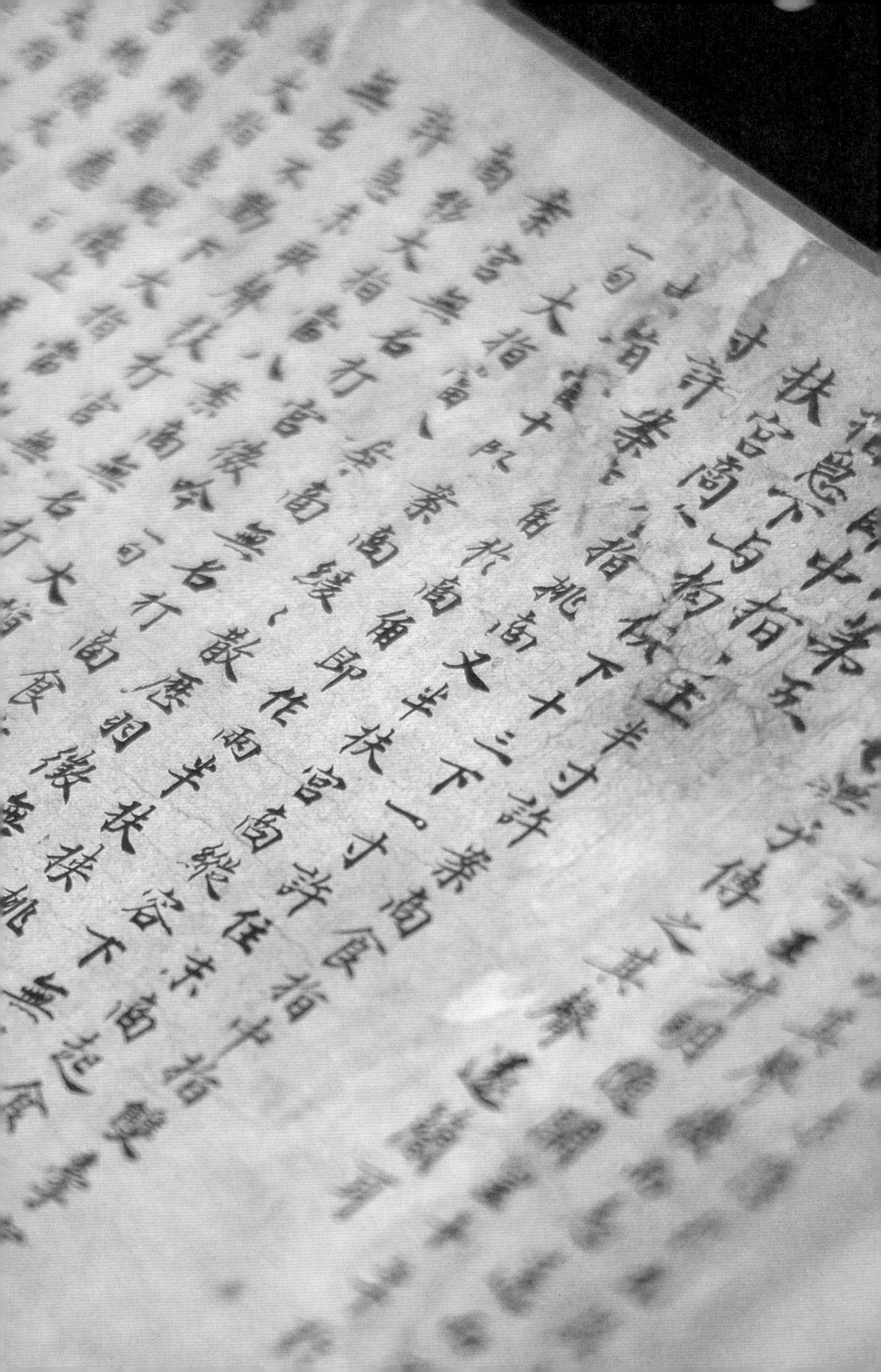

NO. 4

岩骨花香是真味

“武夷山的茶为什么被称为岩茶？这是有讲究的。”或许是在山间、茶间浸淫多年之故，刘清整个人都散发出一种散淡的气息，虽久居京城，眉宇间却自有一种陶渊明笔下“问君何能尔，心远地自偏”的沉静气质。坐在宽大的樟木茶桌前，他熟稔地为我们泡了一壶茶，“这是 2008 年的水仙，非常稀少难得。”白色茶杯中，茶汤呈现出一种迷人的琥珀色，橙黄透亮。啜一口，青苔味混合着粽叶香。细细品来，则觉茶汤滑过后，喉底回甘，味醇益清。

“岩茶是长在岩石上的茶，就是通常所说的‘岩岩有茶，非岩不茶’。所以，它才具备了岩骨花香的天然真味。”刘清说。

这种真味在苏东坡的诗句里，被描述为“斗茶味兮轻醍醐，斗茶香兮薄兰芷”。他盛赞武夷岩茶的滋味既胜过甘美的醍醐，香气又比兰芷更高雅而清幽。

对“岩韵”一词有更精确的见解的，则是清代的楹联大师，他在《品茶》一文中写：“静参谓茶品有四等，一曰香，花香小种类皆有之。今之品茶者，以此为无上妙谛矣。不知等而上之，则曰清，香而不清，犹凡品也。再等而上，则曰甘。香而不甘，则苦茗也。再等而上之，则曰活。甘而不活，亦不过好茶而已（非极品）。活之一字，须从舍本辨之，微乎，微矣！然亦必瀹以山中之水，方能悟此消息。”这是梁章钜畅游武夷山时，宿在天游观，与静参羽士夜谈茶事而迸发出的灵感之语。后世人将其提炼凝缩为四个字：活、甘、清、香。字字千金。

武夷岩茶要喝，更要品。以“香”为例，武夷山资深茶人林里明援引其老师、武夷岩茶泰斗姚月明老先生的话说：“武夷岩茶的香，既有粗香，又有细香。泡茶的时候，水一冲下去，香味就泛出来的，是粗香；把水吞下去，在喉头回过来的香，是细香。”武夷山大红袍传承人王顺明把其称之为杯中三香：盖杯香、水中香、挂杯香。

坐在茶店里，刘清教我们品鉴感悟武夷岩茶的香：桂皮香、玉兰香、蜜糖香……最奇特的在于，无论哪种香，总是厚重、深邃的，绝不显得轻飘飘。这种独特的香味沉于水，挂于杯，留于舍。

与刘清文雅内敛的表达不同，刘清的爱人对岩茶之香的描述则更为生动：“好的岩茶的香是有‘骨’的，有张力，能立住，喝的时候好像有股劲儿拽着你。相比之下，那些外山茶（非正岩产区的茶）喝起来就觉得空洞而单一，它们的香是浮的，非常浅，也非常表象化。”

我曾经跟随刘清去过一次武夷山。我们所探访的那片茶园主要种植的是水仙和肉桂，都是几十年的老茶树。树龄越老，所产茶的品质才会越好。这些茶树已经有五十几年的历史，种植的时间大约可以追溯到举国大炼钢铁的“大跃进”时期。

他教我们分辨这两种茶树的区别：从外形看，水仙是小乔木，植株更高一些；肉桂则是灌木型，较低矮密集。此外，水仙的叶片比肉桂的更宽大。上山识山性，下水识水性，种茶则要懂茶性。喝茶容易种茶难，伺候这些茶树有时比伺候人还辛苦。一年三百六十五天，不管有事还是没事，他总爱到山上转转，看到这些茶树，他的心里才会更踏实。

值得一提的是，这片茶园绝不是我们通常认为的连成片的茶园，而是一小片一小片地参差错落地分布在山坡上。这就是武夷山典型的盆景式茶园。这种茶园的形成与整座武夷山的自然环境有关。武夷山号称有三十六峰、九十九岩、七十二石、四十五洞、三溪九涧十三泉水，可谓钟灵毓秀。更兼常年气候温和，雨量充沛，给岩茶的生长创造了极为优越的自然条件。茶树

通常是顺着天然的岩壑之势而种，或者是“砌梯壁壅土而栽”。这些盆景式茶园通常会以一面山坡或者岩石壁做屏障，山坡或者岩石壁形成天然的护坡，保护茶树不受大风吹，利于茶树生长；另一侧则用结实的石头等环绕着砌就，以防水土流失。就如眼前的这几片茶园，虽然面积都不大，多是长条形分布，却是相当齐整。当年垒砌的石砖，在岁月的侵蚀下，如今已然布满斑驳苔痕，有的甚至裂开了，显出沧桑的痕迹。

这些石头，在当年都是人工砌的，几乎被砌成了一面单面墙，砌工做得非常工整。“砌这个地方所用的石头的数目非常可观。”在过去完全靠肩背人挑的情况下，这是相当巨大的工作量。当然，茶园带来的回报自然也是可观的。“从前，这样的地方出产的武夷岩茶，一斤能换到十四块大洋。”

站在山坡的高处，刘清指给我们看。“这种盆景式茶园，哪怕只有两三株茶树，也会形成一小丛，然后被用石头围起来，因为它们异常珍贵。”——堪称武夷山茶象征的大红袍即如此，六棵母株背靠大山的石壁而生。

刘家有四十多亩这样的茶园，分布在武夷山景区的不同的山头上，有的茶园地处偏远，人迹罕至，徒步走山间小路要两个多小时。

唐代陆羽在《茶经》开篇里说：“其地，上者生烂石，中者生栎壤，下者生黄土。”武夷岩茶的土壤条件正好介于烂石与栎壤之间。刘君抓起一把

颜色偏暗红色的土壤给我看。“武夷山的绝大部分土壤是由火山砾岩、红砂岩和页岩组成的，富含多种矿物质和微量元素，十分利于茶树生长。”这些经过岩石风化形成的土壤，拿在手里，一捏即碎成粉末。

当地人管雨水多的年份叫“水龙王年”。种茶是看天吃饭的活儿。遇到“水龙王年”，天气不好，采茶时会影响茶青的质量，从而会影响一年的收成。这一年能不能做出好茶，老天爷能不能给个好天儿是重要前提。

刘清从邻省江西雇佣的采茶工人们昨天就已经到位，今天上午十点钟左右，他们就已经到茶山开始工作了。我们赶到山上后，看到一筐一筐的茶青被工人们从山上挑下来，再由刘君开着他那辆军绿色皮卡车送到刘清的工厂里去进行进一步的加工制作。

武夷岩茶清香、醇厚的优点得益于精湛的制作工艺，其工艺于繁多之外，更讲求细致。仅仅是初制阶段，就有采青、萎凋、做青（摇青）、杀青、揉捻、焙火、挑拣、毛茶等环节。

这段时间，几乎是武夷茶人最繁忙最劳碌的时节，仅仅是做青的阶段，通常就要持续一个月左右，所有的茶人几乎都是通宵达旦地工作。刘清干脆准备了一盒冬虫夏草，每日吃一只，以保持充沛的体力。

刘清的工厂位于火车站附近的湖桃村的一条巷子里，这里曾是刘家的旧宅。墙上的时针指向半夜十二点钟，一道月牙儿斜挂在天际。宽大敞亮的工作车间内则是一片灯火通明，工人们安安静静地吃完夜宵后，立刻投入到紧张的做茶中来，萎凋、做青等工序按部就班地进行着。

武夷岩茶工序多，最核心的是做青和焙火。“做青的过程，既是形成绿叶红镶边的过程，也是形成茶的花果香的过程。”刘清介绍道。“绿叶红镶边”是对武夷岩茶外形的细致描述。

关于做青，武夷茶人最常讲的两句话是：“看天做青”和“看青做青”。它完全是一个经验活儿，做青的技术直接决定毛茶的品质，且环环相扣，所以每一个茶人对此都马虎不得。刘清和他的父亲亲自督阵，脱掉牛仔裤和衬衫的刘清换了一身利索的迷彩装，神情肃穆，不时进到摇青间里，抓起一大把茶青看一看，闻一闻，观察茶青的走水状况。“有水分而不黏，拿在手里如同握着一团干爽、柔软的棉花，这才是摇青的最好效果。”

焙火也是一个繁复而重要的过程。从某种程度上说，焙火堪称是用火的艺术。第一遍走水焙，去除掉茶青中残留的潮湿气，放置十天或半个月左右后，再对茶青进行小火慢焙。

“这个过程中，茶叶吐掉青涩味，香气得到提纯，经历了一个‘死去活来’的过程后，如同人一样，重获新生。”

NO. 5

饮茶，一切如空

这是我第二次造访韩国茶人金钟海的如空庵。它位于鼓楼东大街一处隐蔽的民居间，极窄的门，不仔细看门牌号，根本不会注意到。推开临街的一道锈迹斑驳的绿色铁门，进去是一条阴凉促狭、光线昏昧的走廊，再向右转个弯，便是如空庵了。说是庵，从外面看，其实就是一座看起来甚为简陋的二层民居，扶梯都是用极为简易的铁做的。但是，进到其中，却是别有一番洞天。红尘世界的翻滚喧嚣，顷刻间被隔绝在外，烟消云散。

如空庵的面积不大，布置却极为简洁雅致。进门有一道竹帘，既巧妙分割了空间，又让茶室内的一切陈设装置不那么一目了然。黄绿色的草席铺地，仿佛初春将至的大地。四壁以细长的墨竹为饰，令人如同置身竹林山间。从日本带回的老银壶，在火炉上吱吱冒着热气。“我特别喜欢煮水的过程，很多人都是在喝茶的过程中感受到一种静心。对我来说，当我听到煮水的声音，心便感觉到一种自在与安静。”这种声音，往往让金钟海想起山林间的泉水，或者是滑过树梢的风声。“尤其是如果选择用炭火煮水。”他指着旁边的一

小堆黑炭，那就是日本的著名的菊花炭。这是他去年去日本时，用行李箱装回来的。“在日本茶道中，煮水都是用菊花炭，非常讲究。菊花炭也有粗细之分。用菊花炭煮水，用的是文火。文火比较慢，水被烧开有一个过程。用硬的木材做成的木炭，非常耐烧，慢慢烧两三个小时都没有问题。这个过程里，你可以耐心等待，就好像在等待开启一段美妙的旅程。”文火与武火相对，用炭煮水，是文火，用酒精炉，也算是文火。如果是用电磁炉之类，便是武火了。用文火或武火煮的水来泡茶时，泡出的茶汤的状态会有细微的差别。“同样的水质，用文火煮的，水质偏柔和、细腻、润滑；用电煮的，水则会比较急、比较燥、比较粗。”

陆羽早就在《茶经》里说：“器为茶之父，水为茶之母。”水对于茶的重要性可见一斑。“水的硬度对于泡茶来说是最致命的，硬度太大，意味着水中含有的矿物质等太多。水质太重，茶的香气不容易被释放出来，苦涩的味道会更明显。纯净水没有生命力，没有营养价值，不适合饮用，也不适合泡茶。”大约从北宋开始，就有水轻论一说，泡茶讲求水质的“轻柔活甘”。

为了比较各种水质的不同，金钟海曾经试用过二十几种水，他试用过的最好的水是武夷山桐木关的山泉水。“在桐木关，随便从一条山间溪水取的水样都是柔和的，并且富有一种活力，对于表现茶的水溶性非常好。茶的本真味道，包括细腻的香味，更容易被体现出来。”就这一点而言，所谓的当山水泡当山茶，是有客观依据的。“这也可以解释，为什么有的茶在当地泡就很好喝，但是如果拿到别的地方泡，同样的味道就再也找不到了或者是不够明显，就是因为泡茶的水变了。”另外，他还测试过景迈山的雨水，“景迈山的雨水跟当地的溪水是一样的，水质柔和，特别适合表现普洱茶的某些细腻的特质。”

一边说，他一边将正在烧着的银壶的盖打开来，“如果把盖打开，水就不会烧老。被反复烧开的水，或者是被煮得太老的水，用来泡茶就会呆板。”这一点，是他从日本茶道里学来的。“在日本喝茶，水要现烧好。如果客人还没有到齐，那么就将壶盖打开，让水始终处于没有沸腾的状态，等到客人到齐了，再把盖盖上，水就会迅速烧好。”

金老师讲话语速缓慢，性格沉稳老练，又善于关注细节，似乎天生注定要做一位茶人。他煮水用的三把银壶都属于老银壶，一把有着五六十年的历史，一把有七八十年的历史，最老的一把则已经有一百多年的历史了。其中的一把，微微泛着紫光，壶提是藤枝，以细的银线缠绕，匠心别具。壶身图案斑驳陆离，仿佛时光噬痕。这些都是他早些年去日本淘回来的爱物。最初他只是喜欢，现在则慢慢派上了用场。他指着其中的一把告诉我，“你看，像这样古朴复杂的纹理，都是人工一下一下敲凿出来的。因为工艺过于复杂，现在在日本，有这种技艺的人也几乎消失殆尽了。”语气之中，透出无限叹惋。

金钟海对武夷山情有独钟，从 2007 年第一次来到中国，2008 年 8 月

11日第一次去武夷山，到现在，他已经陆续去过武夷山五十几次。最多的是一年之中去了十趟。“我一离开武夷山回到北京，不行，又开始想念武夷山了，赶紧再回去。”他笑自己的任性。“说不上为什么，武夷山与我内心最契合。”他对武夷山的茶山很熟悉，甚至超过了许多当地人。他几乎把武夷山的茶山都踏遍了。爱喝武夷岩茶的人口中念念不忘的“圣地”，譬如三坑两涧之类，他几乎走了将近一百趟。“核心景区里的茶山很多，但是一般人并不知晓。山顶、山脚和其他的坑涧里面，到处散落着茶树。”

但是，早在1996年，他对于中国茶的入门，却是从老普洱开始的。金钟海是佛教徒。那一年，在韩国的一座寺院里，他到庙里找相熟的师父喝茶。在韩国，人们普遍喝绿茶，但是就在那天，寺院师父的一位同学从中国台湾回来，带了一把紫砂壶和一片茶。“那是我从来没有喝过的一种茶，我觉得口感很好啊！”一问之下，他才知道喝的是红印。一入口就是印级茶，他似乎注定会与茶有极深的渊源。

早在 1993 年的时候，金钟海就已经开始品鉴红酒。他把自己品鉴红酒的心得用来品鉴这款印级普洱茶，心里无比欢喜。品饮普洱茶时，他感觉到，无论是厚度、口感的饱满度还是喉韵，与品鉴红酒的感觉异常相似。于是他就问师父，这是什么茶。师父说，这是普洱茶，产自中国云南的西双版纳。早在二十世纪八十年代末期，喝普洱茶在中国台湾就已经颇为盛行。师父的这位同学念完书，就顺手带了一些普洱茶回韩国，其中不乏号级茶和印级茶。二十世纪八十年代末期，在台湾，号级茶的价格基本是五万台币一桶，每桶七片。他初次喝到的红印，彼时的价格是两三千元人民币，现在一饼红印的价格涨到了六十万，甚至更多，价格翻了数百倍。

体悟色、香、味、韵的平衡感，是品鉴红酒与普洱茶的共通之处。而涩与苦，也是品鉴二者时都会碰到的。“许多人喝茶时会刻意避开茶的苦与涩，甚至认为有苦涩口感的茶不是好茶。实际上，茶的苦与涩是与它的甘甜相对而言的。不苦不涩不成茶。只要这种苦与涩进到口中后能够很快化开，不粘连，那么，这款茶就是好茶。”

确实如此，这就像我们的生命本身。从佛家的角度讲，人的生命就是苦的，贪嗔痴慢疑是苦，爱别离是苦，求不得是苦，生而为人，如何能将种种苦处参透，并且转化，不为苦所累，才是生命的大智慧。

喝葡萄酒，金钟海追求喝单一品种，如勃艮第产区最顶级的几款白葡萄酒，是他的最爱。喝茶同样如此。2009 年，他在武夷山大红袍之父陈德华老师的家里喝到了一款纯种大红袍，且是陈德华老师亲手制作的。金钟海第一次喝岩茶，则是在 2001 年，喝的是刘宝顺老师做的慧苑肉桂，他感觉极为惊艳，直呼“好喝”。喝武夷岩茶之前，他喝的大多是台湾的乌龙茶，洞顶乌龙、文山包种以及大庾岭等。“武夷岩茶和这些台湾的乌龙茶是完全不一样的感觉。同属乌龙茶系列，台湾的乌龙茶是注重口感的茶，包括注重外在的飘逸香气等。而作为闽北乌龙的武夷岩茶，则更注重韵的表达，也就是注重茶气。它的香气内敛，调性也更为厚重、深沉、饱满。所以，我更愿意称之为体感茶。”

金钟海对武夷岩茶一见钟情，便向陈德华老师提出自己要学习岩茶。“一入岩茶之门，就遇见了最好的老师，这是我的福报。”陈德华在武夷山德高望重，曾经是武夷山茶科所的所长，登门拜访的人络绎不绝。最初他以为这个韩国人只是一时头脑冲动，对岩茶的热情不会太持久。没想到，金钟海却成了武夷山的常客，每年都要去五六次，甚至七八次。

除武夷山之外，云南的西双版纳是他常去的地方。六大茶山以澜沧江为界，分为江内与江外，或者是江左和江右。江左是勐海区，江右便是易武区。他喜欢易武一带的区域。每次去版纳，他通常的路线是，勐海—景洪—南糯山，从南糯山往上，就是往北，是老班樟，往下去，就是往南，是景迈山一带。“景洪距离易武有一百三十余公里，开车的话大约要三个小时。”易武镇古六大茶山的遗志依旧在，风貌依旧。

通常而言，勐海的茶茶性刚烈，而易武的茶茶性偏柔和。或许是性格使然，金老师更喜欢后者。“勐海的茶还是出自大厂的居多，易武的茶相对而言产

量没那么多，茶山基本都在几个家族的手里。终究机器制作的茶与手工制作的茶，相对而言，所用的心思还是不一样。”

金钟海喝不习惯新茶，只爱喝老茶。“新茶太烈，便感觉难以入口。”于是，从 1997 年开始，他把自己收藏的红酒卖掉，正式收藏老普洱茶，包括二十世纪八十年代的 7542 和 8582，边收藏边喝。一瓶几千块钱的红酒被打开，当天就得喝掉。而一片红印茶，慢慢喝的话，喝上一个月是没有问题的。那个时候，红印的价格还没有暴涨。“号级茶基本都已经被喝掉了，印级茶则还保留了一些。如果按照今天的红印价格来计算，当时我也收不起，

更喝不起。”他的话实实在在。

“对于那些已经被喝掉的号级茶或者印级茶，你感到可惜吗？毕竟，它们现在的价格都已经相当不菲了。”我问。“喝掉就是喝掉了，从来没有觉得可惜。如果喝茶的时候，一味考虑到它的价格，就失去了喝茶的价值和精神意义。”

那么喝茶的意义又是什么呢？我们究竟为什么要喝茶？金老师以自己的茶室的名字“如空庵”作解。“对于喝茶，我喜欢中国人的两种说法，一种是琴棋书画诗酒茶，一种是柴米油盐酱醋茶。琴棋书画诗酒茶，指向一种高雅的、脱俗的精神生活，柴米油盐酱醋茶则指向一种接地气的、平凡尘世的世俗生活。有的人觉得前者才是美的，但在我看来，柴米油盐酱醋茶的世俗生活同样充满了情致。最重要的是，你发现了吗？不管是哪种指向的生活，最后都会幻化为佛教所说的空。那与茶有关的一切，好像都没有发生过，一切如空。所以，我们一定要赋予喝茶某种意义吗？未必。即便有，或许，喝茶的意义只存在于每个人的心里吧。它并不是如公式一般的存在。”

NO. 6

在安静中守候一碗茶汤

或许是与茶为伴已经十多载的缘故，刘亚琴举手投足间，茶的淡雅气质与精神早已经深深融进她的骨子里。对中国茶的热爱，也深深镌刻进她的内心深处。讲起一路与茶相伴的日子，她满目云淡风轻，颇有白发渔樵江渚上，曾经多少事，都交付于一杯茶中的气概。

下午正好没有茶课，气氛显得格外安静闲适，茶空间似乎也格外简洁敞亮。茶如其人，茶空间亦如其人，素朴自然，如茶之本味。十几年来，刘亚琴以茶为媒，结缘爱茶之人，分享传播茶知识、茶文化以及泡茶技能等相关内容。以茶为师，借茶修为，养身亦养心。她对于空间布置并无刻意为之，而是呈现素朴天然的样貌。茶室里有宽大的落地玻璃窗，临窗而立，可以看到窗外是车水马龙的街道和东三环鳞次栉比的建筑物。想来，在此处赏城市夜景，看灯火闪烁，喝茶品茗，觅一处清凉，也是赏心乐事了。

刘亚琴对武夷岩茶情有独钟。为了这次会面，她特意准备了两款茶与我

们一道分享。我们品鉴的第一款便是武夷岩茶大红袍传承人王顺明制作的肉桂。且看她娴熟地用一只白色盖碗冲泡茶，将茶汤缓缓注入一只玻璃公道杯里。我注意到，她所用泡茶器具，无论是盖碗、茶杯，还是公道杯，皆是寻常之物，并非动辄价值千金的茶器茶具，或是当下流行的名家之作。明代许次纾在《茶疏》中提到，“茶滋于水，水藉于器。”刘亚琴事茶十余载，对于泡茶器具的重要性当然了然于心。选用恰当的茶具才能反映茶之本味。“一般就质地而言，釉面厚、烧结温度高的磁质茶具，泡出的茶香气滋味较好。用陶质茶具泡茶，则汤感厚重，夺香厉害。玻璃材质的茶具，茶汤和茶之间没有交流，泡出的茶有一股熟汤气。紫砂壶是双气孔结构的，用紫砂茶具泡茶，既不夺茶的香气，又无熟汤气。”

说话间，她已经利索地将茶汤分至我们每个人的茶杯里。在白色的小瓷杯里，茶汤呈现出深沉又透亮的酡红，如白色画布上一抹醒目的亮色。我端起杯，啜饮一口，口感有几分柔顺，并不霸气。细品之下，这款肉桂，入口的茶汤略显单薄，用料大概并非时下为人追捧的典型意义上的正岩牛肉（出产自武夷山牛栏坑的肉桂）或者马肉（出产自武夷山马头岩的肉桂），但是，火功确实非同一般，体现出了制茶人对武夷山岩茶火候的精准认知。

“十焙成金，久藏不坏。这是对武夷岩茶火功的最高评价。”焙火是制作武夷岩茶的一个重要环节。“十焙”言焙火次数之多，也可见岩茶功夫之深。“一般而言，武夷岩茶都有复焙一说，就是已经焙过火的岩茶，由于受潮返

青等原因，需要再次进行焙火。但是，如果初制、精制焙火工艺到位，那么，即便是轻火焙茶，也不会有返青现象，没必要都进行复焙。就像现在我们喝的这一款岩茶，是清香肉桂，在北京已经贮存了很多年，从来没有复焙过。无论什么时候喝，它的口感始终让人感动，能感悟到制茶人的用心。”

品鉴完第一道茶，刘亚琴又拿出自己珍藏多年的一款毛蟹。“毛蟹是茶

树种的名字。”刘老师解释说，“这也是一款经常辅佐其他茶品种的茶，通常用作配茶之用，按照一定的比例，按照类似中医君臣佐使的概念，拼配成有名的茶类。须知，拼配也是一种技术。”

她让我们先观察茶的外形。看起来，茶则中的毛蟹约有七克，干茶条索乌润松散，外形倒也并非多么出众。但是，就是这款看似普通，貌不惊人的茶，

入口之后的柔顺之感却超越了刚才的那款肉桂。口腔内清澈甜头，活力激荡不说，更令我感受到了许久不曾领略到的“舌底涌泉”的美妙感觉。我只觉舌头下面如同有汩汩泉水，绵延不绝。几泡下去，香气渐次呈现。香气细腻，带着一股绵柔之感，又带着某种撞击力，竟然让我不禁想到“还魂”一词。说茶还魂，其实是颇为矫情且不准确的。对于茶而言，生长在山野间时，自身有鲜活的生命力。在制茶人的手中，茶的生命开始了蜕变与升华。到了泡茶人手中，茶沉睡的生命再度被唤醒。

她从专业的角度指出，这是由于茶自身的内涵在时间里发生转化，这种

转化悄然无声，却一直在进行。也正是这种转化，让人体味到岩茶十焙成金、久贮不坏、香久益清、叶久益醇的魅力。

每一款好茶，都是“天时、地利、人和”三者作用的结果。真正意义上的好茶，需要具备如下几个要素：优越的地理位置、优良的原材料、精湛的制作工艺，以及恰到好处的储存条件。原材料好的茶，配上精湛的制作工艺，简直是锦上添花。后期储存得当，更是茶自身的福分，也是饮茶人的福分。

岩茶的用火，大致分为轻火、中火与足火三个类型。轻火一般是连续焙四到六个小时，中火则在八个小时左右，足火的一般焙火时间则需连续十几个小时。至于选择用何种火功来焙茶，一般取决于岩茶的品种特质和做茶的意图。刘亚琴举例说："譬如奇兰或者悦茗香，属于清香型品种，焙火一般用轻火或者中火。肉桂则多用中火或者足火居多。"茶如人，皆有自己的性格，焙火要做到根据茶的不同，灵活用火。

岩茶的制作工艺繁复，尤其是用传统工艺制作。刘亚琴强调，无论是初制还是精制茶，每一个步骤都极为重要。"与大家一道在武夷山的茶山游学时，我们目睹了制茶人的艰辛劳作，好在还有一批默默无闻地坚守传统工艺的制茶者。他们是真正的爱茶人，在做茶的过程中守望一份寂寞，也甘于寂寞。我们确实没有理由不敬畏传统。"

刘亚琴与茶打交道，不觉一晃已有十八年。回忆起自己初入茶行的情景，刘亚琴感恩自己的老师，茶委员会的张天福老先生，正是张天福先生开创了中国茶道培训之先河。"早在1998年，张天福老先生即带领我们去茶山游学，寻访坚守传统工艺的老茶人，令我至今受益。那个时候，张老先生给我推荐了一些茶书，给我布置阅读任务，让我去看。还让我去背诵一些历史上文人墨客所写的与茶有关的诗词歌赋，像《七碗茶歌》里的一碗喉吻润、二碗破孤闷，还有白居易的'坐酌泠泠水，看煎瑟瑟尘。无由持一碗，寄与爱茶人'。"

十几年来，刘亚琴培训教授的学生已经有上千名。她所教授的中外学生，无论来自北京，还是来自韩国、日本、美国，许多都沉淀下来，成为她生活中的朋友。茶也早已融入他们的生活，十几年不间断。更有来自日本镰仓的一位女学生，回到日本后在自己居住的城市镰仓开起了中国茶的学习班。

“中国与日本之间的茶文化交流，渊源甚深。日本人在唐宋时期来到中国，将中国的茶文化带至日本，结合自身民族文化特点形成了今天的日本茶道。现在，随着国内茶文化的升温，不少中国的茶文化爱好者又跑到日本去学日本的茶道。同样，也有一些日本的茶文化爱好者倾慕中国茶的魅力，又来中国学习中国当代茶文化。”谈及此，刘亚琴甚为欣慰。

身为资深事茶人，一方面，她传道、授业、解惑、分享茶知识、教授品茶与泡茶技能。另一方面，对她而言，爱茶，也是爱上了这种与茶有关的生活方式。她把自己的生活过得如同一碗茶汤，守望一份宁静、一份自然，将生活过得润泽、通透。她已经分不清，与茶打交道到底是自己的工作，还是生活。

“无论制茶还是泡茶，无论把茶当成工作还是生活，要想达到游刃有余的境地，都需要一种自律。只有在自我节制与自我约束的前提下，才能实现自由。要想泡好一杯茶，你需要了解一些基本的茶知识，熟知茶的性格特征，了解茶的特性，明确器具、水温、投茶量等要求。”

刘亚琴对茶始终有尊重之心，对茶的尊重，对自然的敬畏，茶都会感知到，茶也会将自己最好的一面展示出来。真诚、用心、专注，对茶应如此，对人亦应如此。在追随茶的生命里，有过波折，有过诱惑，但她始终不慌不忙地守候一碗茶汤。

CHAPTER 2

第二部分

NO. 1

老物件的能量场

“在日本喝茶没有工夫茶一说，要么是比较正式的抹茶茶会，要么类似于英式的下午茶，工夫茶还是中国独有的。在参加日式抹茶茶会的时候，必须穿和服，盛装以待。用的茶器茶具，也都极为讲究，一般是用比较深的茶碗。我曾经收藏了几只日本陶艺家的茶碗。”

说话间，红子已经利索地坐在茶席前准备煮水、泡茶。“想喝哪一种茶？”她笑眯眯地问。“客随主便吧！”我也笑着回答。我每次来到红子位于苹果社区第 22 院街艺术区的红紫蓝画廊二层，总是少不了好茶相待。欣赏一下画廊签约艺术家的最新作品，看看红子自己的艺术收藏品，顺便再喝几杯茶。

“去日本朋友家里做客，喝茶时很简易，也很放松。他们大多是用欧式的茶壶泡一壶红茶，每个人的杯子一般都比较大，不像我们喝茶时用的杯子偏小一点。”她拿出几个杯子给我看，米白色雕花瓷杯，釉色润泽，“这是我之前在日本买的，跟台湾的一些杯型比较相似。”她拉开木柜的一个抽屉，

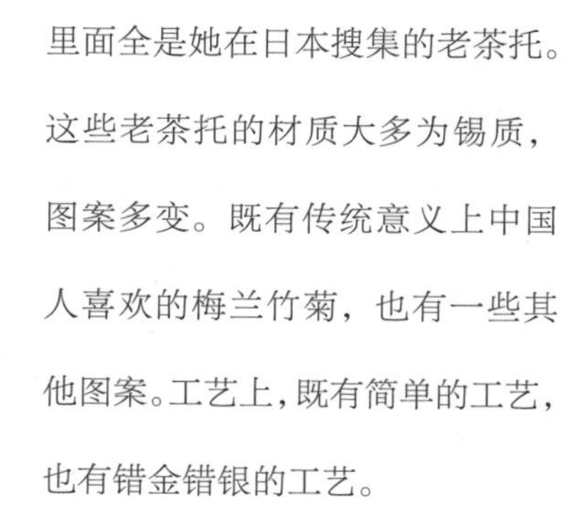

里面全是她在日本搜集的老茶托。这些老茶托的材质大多为锡质，图案多变。既有传统意义上中国人喜欢的梅兰竹菊，也有一些其他图案。工艺上，既有简单的工艺，也有错金错银的工艺。

说话间，一道正岩水仙已经泡好，她缓缓出汤。茶汤在白色茶杯里形成一道红色晕圈，香气内敛而优雅。

这几年，随着中国茶文化的持续升温发酵，茶客们爱屋及乌，把对茶的热爱转至对茶器茶具的热爱甚至狂热追捧。不只从日本回流的一些老铁壶、老银壶的价格日渐攀升，就是一些与之相关的茶杯、茶托、茶席插花器等物件，价格也开始变得可观。“从某种意义上说，这当然是一种好现象。

这意味着人们对饮茶不再只是满足于口腹与感官之欲，而是开始追求一种精神与美学上的享受。就像宋代建盏的流行一样，人们出于鉴赏点茶泡沫细腻洁白之美的目的而使用建盏，这也是建立在一定的社会文化与文明发展高度的基础之上的。”

这些锡质茶杯托，都是红子早些年在日本搜集的。其中最令她喜爱的茶托有三套。一套是清乾隆时期的，落款有乾隆年间的字样。船形的茶托，做工极其精细，雕刻有梅花的图案。摸起来异常光滑润泽，有一层薄薄的包浆。显然，它的历任主人对其都是珍爱有加，反复摩挲。“乾隆款的茶托传世较少，价格也相对贵一些。”一套是道光年间所制，上书“点铜”二字。所谓点铜，就是锡制之意。一般都是一个师傅带着几个徒弟，花费许多时日方能完成。

第三套茶托是一位名为净足的日本著名僧人亲手制作的，看上去极为简约，禅意十足，给人一种心无杂念的感觉。除非内心洁净到了极致，否则，心有杂念的人做不出如此干净的作品。“净足是那位僧人的法号，他在日本的历史上特别有名，他生活的时期即中国的清朝时期。现在，即便在日本，也有很多后人仿造他的作品。但是真正的老东西，一上手就知道。仿的东西，终究缺了一些气息。”红子把白色的雕花杯子放在珍贵的锡质茶托里，搭配相得益彰。“我现在只收藏最顶级的东西，我自己用的东西也一定是要最好的。越是好的东西，越是要用它，只有这样，物件的价值才会真正体现出来。在使用时，物件也会更有生命力。”红子如是说。

上次从日本回来，红子又带回了一些缂丝工艺的老和服腰带，大约十条。还有一些日本手织手染的和服料子，都是整卷整卷的，极为难得。一卷十二米四，正好可以做一件和服。“这一卷布，需要一个工人做半年。上面的图案也全部是手绘和手绣的。”她把布料打开来，“这上面的每一根线、每一朵花，全部都是手织手绘的。”

“像这些老的缂丝，在日本也是越来越不好收了，尤其是工艺上乘的。至于手工制作的和服料子，在日本也面临技艺失传的困境。老的手艺人年纪越来越大，年轻人又不愿意传承这些手作技艺。”红子打算把这些缂丝或者

布料做成茶席巾或者茶杯包、杯托之类的。“这些都属于古董布，历史基本都在百年以上。如果能把它们做成茶席巾，不仅雅致，而且布上的暗花若有若无，比用普通的亚麻布做茶席巾，会精致许多。”这是正绢，正绢就是纯真丝。这块也是老布料，原来都是用来做和服的料子的。这块布料上的是盘金绣，菊花的图案。用了描金工艺，手绘之后又加了绣工。布料的中间有一道白线，是手工留的印痕。“一个手工匠人，半年才能画出一卷布的图案。完全是一笔一笔地去画，一点一点地去刷，全部是时间的结晶。”她的藏品中，还有一些日式古董衣服，她也打算拆了做茶席和杯托等。

红子痴迷于茶具收藏。茶室内，不乏龙文堂的茶炉一类的精品，出自名家藏六之手，有一种独特的气息。这是她早些年在日本逛古董市场时发现的。龙文堂的铁壶，采用了错金错银的工艺，匠心独具。如何赋予古董一种新的内涵，为当代人所用，红子用她的古董茶具收藏，给出了答案。“如果古董不能服务于生活，被人们所用，那么它就是被淘汰的东西，或是没有生命力的东西。”红子的家里也有大量的古董家具，但是所有拜访过她家的人都不觉得突兀。白色顶棚，灰色水泥墙面，大理石扶梯，墙壁上挂着当代艺术家的油画，与雕花老柜子、红木太师椅、黄花梨几案等老古董家具形成强烈的反差，完全没有古董店般的沉闷之气。

红子计划做一场与茶有关的展览，把她搜集的所有铁壶、茶托、缂丝腰带、竹编花器等集合起来，把具有传承之美的东西集合起来展示给公众，再辅之以讲座，如茶美学讲座、香道文化讲座。目前，这个与茶有关的计划尚在策划中。

红子去年先后去了三次日本，每次都待上十几天。在日本，她主要是在京都待着。吸引她的是京都的寺庙。那里有大大小小将近两千座寺庙，唐代、宋代的寺庙都保留完好。她在古老的街巷里转，走来走去，在寺院喝杯茶，在一杯绿色抹茶中感受茶文化在日本的传承流转。

“实际上，日本传统文化的现状跟中国传统文化的现状有点相似，那就是年轻人对传统文化的传承都兴趣不大，有一些传统技艺的传承也面临断层的问题。但是，好在日本在文化传承方面做得比较好。”红子在日本居住了二十余年，两个孩子都出生在日本，现在每年又经常往返日本数次，红子对日本的传统文化，包括茶文化有自己的认知和见解。

到底什么是茶文化？茶又如何影响我们的生活与心灵？“茶给人的影响是需要慢慢用心体会的。就像吸引我进入茶之门的那位朋友，她的举手投足，她的一举一动，都不慌不忙、从容自若，是如此充满魅力。而且，当我们在对待这些老的茶器的时候，无论是老铁壶还是古董茶杯，它们散发的能量场也是耐人寻味的，在不张扬的外表下，潜藏着一颗波澜不惊的心。这样的心境，是需要我们不断去揣摩、去修习的。”

茶毕，红子送我下楼，恰巧遇见她的两位公子，他们都是玉树临风般的翩翩少年。初见面，他们便对我微颔首致意。待我推门离开，无意间回头，隔着玻璃窗，看到他们正对着我的方向屡屡鞠躬，颇有君子之风。他们的态度之沉静郑重，涵养之良好得体，让我不禁一方面钦佩红子教子有方，另一方面，我觉得这或许也得益于茶文化的熏陶，所以他们才能有这样的茶式礼仪与修养吧。

NO. 2

对话天地身心

黑褐色的陶缸里插着几杆枯枝，竹林分割了空间，印章形状的石柱台灯左右陈列。宣纸上是渲染的国画，水榭旁边合围着黑色的石子。一缕缕檀香在空间中晕染、浮动。琴声古朴，若隐若现。明式长条几案上摆着现代风格的盆景。松木与木纹石铺就的地面，石材分割参照当地的文化古迹，飘逸、静雅，使人仿佛置身竹林中，感到安静、肃然。空间为纸，布局为墨，有山水中国之气，也不乏禅宗之韵律。空间、器物，无不透露出一份中式美学独具的美感，温文尔雅，内敛节制。

当下，传统文化复兴，以茶空间、书房等为主体的中式空间也开始出现，曾经走奢华与西洋审美路线的会馆、艺术空间等，纷纷改弦易辙，以新的样貌示人。一种以中国传统文化为核心，又符合当代人审美的新中式生活美学空间大行其道，茶空间便是其最重要的载体。

李珂为人称道的，是他设计的东阳宣明典居紫檀艺术馆。如何在有限的

空间内体现出中国文化的审美与意境，是李珂设计的本源。于是，在空间的氛围营造上，他采用传统的线条来围合空间感，疏密、留白，于对称中寻找一份突破。2011 年左右，他主导设计的另一个项目，提升了他在新中式设计方面的地位。外观、庭院、不同质感的地面、大理石、草坪、门厅，变化曲折，层次井然。茶室则隐含在整个空间中，隐而不发。

对山西常家大院的茶空间设计，李珂也颇为用心。与最初的作品强调景致不同，这一次，他试图传递出更为强烈的空间感。整个院落不大，几百平方米，但是李珂设计得很用心。他不仅多次前往常家大院考察，更探访了古城平遥，去大同探访众多古迹，如云冈石窟、华严寺、善化寺等。云冈石窟体现的是北魏时期的佛造像文化，善化寺与华严寺则是辽代的建筑。“不同的建筑，可以让人捕捉到不同的文化气息。云冈石窟大气、朴拙，其雕塑与建筑、民居等，受到文化的影响是一致的，有其相通性。设计的时候，我将这种气息融入作品中。这种融入，不是符号性的，而是精神性的、气质性的。”只是单纯的符号表达，尚属层次较浅的审美。

他甚至去苏州待了几天，试图把到苏州园林的灵秀之美也融入进去。园林的融入，同样不是融入苏州园林的一砖一瓦，或者某一个符号。“园林路径的体验感很强，曲径通幽，移步易景，能充分体现出人与自然的关系，让人体会到园林主人的内心格局与文化底蕴……我试图将园林予人的空间体验感融入进去。例如，透过一扇门能看到八种景观，我就是要融入这种连环借景，甚至空间之间互相融合的空间感受。实际上，一座空间里不需要出现任何符号，甚至可能四面都是白墙，也会让人感受到这是中国的庭院，是中国的园林，是具有中国意境的空间。”

在清代，常家一族因为贩卖茶叶而获利。他们把茶叶生意一直做到包括俄罗斯在内的远东地区，他们出口的茶叶量占据清代出口茶叶量的90%，可谓鼎盛一时，实力远远超过王家大院和乔家大院。“当时常家有两个茶叶品牌遐迩闻名，其中一个品牌为大德育。后人之所以要建这个茶空间，只是为了追慕祖先的荣光与精神。”

作为新晋的知名空间设计师，李珂对于中国传统文化美学与茶美学都有着自己独特的理解。“实际上，每一个设计作品都是对精神与文化的传承。茶空间的设计，则要让饮茶者在喝茶的当下，体验到设计者的用心。”“前往茶室之路，人需要经过几个曲折，行经层层叠叠的院落，目的在于让人有所期待，同时，在行进的过程中让心安静下来。单独置身于某一个院落时，

无人打扰，你会在当下感觉到这个院落好像是为你而建的。一杯茶在手，看着远山，一览众山小，雪片落蒹葭。你可以与天地对话，可以与内心对话。”

如此设计，具有极强的内观性。园林或者茶室的主人置身其中，便可拥有自我，拥有一方天地。中国人的生活方式、中国人的哲学观，甚至中国人的生命观皆包含其中。

这种空间的设计美学，同样有别于日本传统的侘寂美学。“大气、厚重的汉唐文化，才是我们文化的源泉。”许多人在做设计时，惯于照搬日本美学风格的设计，李珂对此不以为然。在材料上，他也尽力往中国传统元素上靠，譬如用宣纸。“日本茶空间中，对于材料的运用极其精致，但是会让人感觉只是流于技艺层面。”

日本的茶空间设计，多用日本独有的和纸。和纸制作精细、考究，纸质光滑，在设计中常被用到。而李珂在设计中所采用的宣纸，都是请工厂定制的。“宣纸有精细的一面，不同材质下，也会呈现粗放的一面，后者与文人士大夫清远闲放的生活相契合。喝茶也是如此，既可以精细地喝茶，也可以粗放地喝茶。”此外，金砖也是李珂尝试运用的材料。“虽名为金砖，但是它的风格实际上异常古朴，就像故宫的老建筑呈现的色泽。金砖制作是一种烧制的工艺，金砖非金色的砖。”温润的宣纸、古朴的金砖，两相运用，相得益彰，提升了设计中东方美学意境的表达程度。“金砖的制作工艺复杂，金砖价格不菲。一块乾隆时期的金砖，要价一万多元人民币。即便是现代新制作的金砖，也造价昂贵。”

茶是一种表达，空间也是一种表达。李珂坦承，在刚刚起步的阶段，一定有某种意义上的借鉴表达的成分，但是，他越来越深刻地认识到，对于当代新中式空间的设计，更应该师法传统，而非日本。作为设计师，最重要的

是要找到自己的设计风格，找到自我。一个人对传统文化的理解的深度，对古人的理解的深度，决定了他的设计的内涵与高度。“只有找到设计的灵魂，才会真正找到自己。”

文化的复兴，需要具体的人来践行。就如现在为人熟知的日本茶道大师千利休，实际上，在千利休之前，日本的茶人一直推崇唐物，诸如黄金茶碗或是宋代茶盏之类。直到今天，日本的正仓院还收藏有唐宋时期的茶具，被视为国宝。日本茶道的发展，因为千利休的出现，而出现了一个拐点。从千利休开始，日本人才真正把日本本土民间的艺术作品融合到茶中，开始发展日本自身的审美。

历史上，中国茶文化传承有序，但是到了近代，文化传承则出现了断层。不像日本的茶道，从武野绍欧到千利休，一直沿一条脉络走下来。书法、绘画、艺术、哲学、饮茶，都可以运用到设计中去。“只有在内心对文化不自信，才会不断学习国外。但是，实际上，是我们对自身的文化知之甚少，或者仅仅是一知半解。”

空间如茶，是一份精神的相遇。李珂喜欢饮茶，在喝茶时，他享受一份安静，品着杯中茶，感受到一种心灵和思想的自由。

NO. 3

喝茶是一个修心的过程

背景墙贴了一层黑色墙纸，宽大的樟木茶席是色调偏暗的黄褐色。茶承是黑色的檀木，有着隐约的肌理。陶壶和同样材质的公道杯，则呈现出某种冷峻的黑色与金色的金属质感。锡质的银色茶托，明显是旧物。至于香插，则是极具现代设计感的金黄色。

在设计师宋涛看来，人们对待茶的态度，其实就是对待文化的态度。“茶是中国文化的一个载体，所谓茶以载道，这是无论如何也绕不过去的。”他一边说，一边将斑竹茶则中黝黑亮泽的岩茶奇兰小心翼翼地投注于一把小巧的紫砂壶中，然后缓缓注水、润茶，为我们洗杯、分汤。茶汤甫一入口，我便感觉到一股馥郁的香气，细品之下，更觉得回味甘醇且清冽。

“我欣赏宋人的生活态度。”他端起茶托，呷了一口杯中热茶，“当时的士大夫阶层，喝茶、挂画、闻香、插花，是一种风尚，也是一种生活态度。”在他看来，中国传统意义上的文人，更精准地说，应该是指宋时的人。“正

是诗词歌赋与琴棋书画，以及茶道与香道的盛行，才构建了宋代文人的精神生活内核。”

“现代人重拾饮茶的趣味，开始讲究喝茶的本质，从全民的搪瓷缸儿泡茉莉花茶，到现在讲究用不同的茶具、不同的水，来泡不同的普洱茶或者岩茶，是一件幸事。中国传统文化的精神内核已经失落太久了，现在连意大利的设计师都开始在产品设计中融入中国的禅宗精神了。”

音乐絮絮流淌，是爵士乐。这音乐与此时我们喝茶的氛围也十分融洽，谁说喝茶的时候一定要听着古琴或是穿上汉服，身为当代人，需要有当代人对茶的体悟和表达。宋涛对饮茶的理解，正如他的设计风格，无论是几案还是空间布局，先锋当代风格表达的背后，其实都蕴含着中国传统的文化精神。

2000 年左右，宋涛开始喝茶，而且，是从武夷岩茶开始喝，诸如大红袍、肉桂、水仙等。但是初始喝茶，他也并不十分讲究。直到六七年前，大约是 2009 年，宋涛将工作室搬到了 798 艺术区的 751 广场，他的另一位设计师朋友黄涛的茶室诚斋，便在隔壁。“在同一个时期，周围一下子有一群人开始喝茶了，形成了一个喝茶的圈子，大家彼此影响。”

与此同时，台湾的茶美学在大陆尤其是北京，开始传播开来。台湾的茶人来北京进行茶美学布道，同时，一些与茶美学有关的出版物也陆陆续续出版发行。

“但是，在了解台湾茶文化的过程中，或者是在了解一些台湾茶人对茶美学的解读后，你会突然发现，有一些是不对的。最重要的一点就是，它把中国人喝茶的精神与本质本末倒置了。”宋涛说，“为什么这么说呢？因为从历史上来看，中国人喝茶是很随性的，对待茶的态度也是随性的。饮茶应该让人感觉到放松，而不是带有表演性质或者是让人觉得端着架子坐在那里。”

喝茶首先要放松身心，在宋涛看来，这是中国人饮茶的第一要义。人放松下来了，才会愉悦地交谈、交心。换而言之，中国人的饮茶是实现与朋友交流的一种方式，而不是为了饮茶而饮茶。饮茶是途径，而非达到的目标。

其次，喝茶是实现与自我交流的一种方式。在自己位于黑桥艺术区的工作室内，宋涛也会一个人喝茶。那是完全不一样的状态和心境。“坐下来，为自己泡上一壶茶，茶香一出来，便为我自己营造出了一种氛围。”与人喝茶以及自己喝茶，这是两种完全不同的状态。“与人喝茶，是一种打开、一种交流，让人放松下来。自己喝茶，有一种清醒，甚至是警醒的效果。因为接下来你要专注于另外一件事情了，或者看书，或者画画，茶就像前奏一样，给自己营造一种进入情境的气氛，茶就像一个引导物或者媒介。”

在某种意义上，这也变成了一种仪式。由是，每次在画室，进入工作状

态前，他都习惯于安静地坐下来，泡上一壶茶，或者斟上一小杯威士忌，让自己进入到创作的情境中去。

对于饮茶之道，中国的古人向来讲究。“饮茶以客少为贵，客众则喧，喧则雅趣乏。”宋涛也认为，对于喝茶而言，最好的人数是两个人，尽量不要超过三个人。两三人坐下来，泡一壶茶，喝茶对谈，颇有些围炉夜话的感觉。在黑桥，宋涛有几个艺术家朋友。到了下午，画到一定的时间，该休息的时候，他们便各自放下手中的画笔，两三个人聚在一起，泡一壶茶，边喝茶，边聊关于艺术的话题，交流自己今天创作的一些感悟和心得。

“茶本身的意境很重要，一泡茶、几只杯子，由此推及喝茶的桌子，或者茶席的布置、茶桌在屋子里所占空间的大小，都有各种各样的关系。”

“从历史上看，明代的文人喝茶特别具有一种野趣之美。这种野趣，其实就是一种自然之美。”宋涛认为，明人喝茶的野趣，与他们的自我表达有关，吟诗作画之余，喝茶也是一种表达方式。明代的古画中，很多都描绘了在山间、树下、溪边、茅棚中喝茶的情景，充满了野趣。这种野趣，算是中国茶文化精神中的一股清流。

茶器的审美是饮茶文化的一个重要部分。宋涛认为古人对茶器的审美一直是建立在文房系统之中的，而不是一个单独的系统。这一点，同样可以从古画中得到印证。书籍、香炉、古琴，烹茶为乐，“茶具是书法系列的一个道具。历史上，中国人从未把茶单独归入一个系统，都是归到书房系统内的。”

“园居敞小寮于啸轩埤垣之西，中设茶灶，凡瓢汲罂注濯拂之具咸庀。择一人稍通茗事者主之，一人佐炊汲。客至则茶烟隐隐起竹外。”这是明人陆树声所著《茶寮记》一书中的文字。明代的另一位文人屠隆，则有一本著作叫《茶说》，“茶寮，构一斗室相傍山斋，内设茶具，教一童子专主茶役，以供长日清谈，寒宵兀坐。幽人首务，不可少废者。”明代的文人雅士别出心裁，建立了专门用来举办茶事活动的空间，用来读书品茗、接待朋友、看画焚香，依山傍水，环境何其雅致。

在宋涛看来，文人之间的交流，需要营造一个气场。“或者谈书论画，或者欣赏把玩，茶是此间用于交流的一个道具。”他笑起来，“现在，我们则把茶变成了一种近乎神圣之物，一群人坐在桌子前喝茶，为了喝茶而喝茶，没完没了一般。古人是不会浪费时间做这样的事情的。我们当前有点把茶文化与茶美学夸大了，对于许多人而言，它甚至变成了一种信仰。”

“就这一点而言，我们把古人喝茶的仪式和意义忘记了，就是我们究竟为什么要喝茶？许多人为了喝茶而喝茶，甚至把身体都喝坏了。须知，茶在中国的古代，是作为药用的，饮茶也要有度。”

宋涛强调，“我们对于饮茶的讲究，重点在于研究茶是如何引导我们进入一种氛围的，如同书的前言或者序言，它不是一个主体。”

“一个人喝茶，就像打坐，是一个修心的过程。让自己放松，进而安静下来，至于喝的是岩茶、红茶，还是茉莉花茶，都一样。喝茶，终究喝的是一种心境。我个人比较喜欢喝一点白茶和普洱。但是，总体而言，我对茶没有分别心和执着心。我接触过一些喝茶的人，一定要喝多少年的老茶，或者是一定要用如何的茶器茶具。抛开了分别心和执着心，才能更好地感悟茶的真谛 。”

当喝茶变成表演，便失去了它的意义。这就如同古琴一样，当古琴在人声喧闹处被弹奏，它便失去了自己的价值。我们已经把对文化的基本理解和修养丢掉太久了。所以，现在倡导喝茶，尽量要个体化、私人化，喝茶的意义就在于它是一个让人静心的过程。

“茶只是生活中的一部分，不能被神化甚至神圣化。它是天地自然界的灵性之物，本身没有高低贵贱之分，高低贵贱都是人们强加于它的。”他还把日本茶道与中国茶道做了一个对比，认为前者强调“修行”，后者强调“闲适”。而无论是修行或者闲适，皆可用“朴素安静”这四个字来概括。在他看来，朴素与安静正是茶所蕴含的美学思想。“宋人开始讲求禅茶一味，但是这种精神实际上在后来的演变中失传了。而茶道传至日本后，则出现了类似千利休这样的茶道大师，茶与修行的渊源促成了这样的大师，茶反而成为文人间雅集的助兴之物。”

宋涛感叹，人只有在静下来的时候，才会感知到生活中的细微之美，也才会关注自己内在的文化根基，回归到设计的根本。这一切，都能依赖一杯茶而达成。

NO. 4

开悟如同茶杯的开片般自然

艺术家陈琴饮茶，已经有十几年的时间。更早些年，她喝茶的时候就已经讲究茶席的布置，讲究或盖碗或紫砂壶等茶具的搭配，也讲究水温与注水方式了……许多人奇怪，喝茶为什么要那么复杂？早年间喝茶时，她还是受了身边几位朋友的影响，其中一个是陶艺家白明。白明是福建人，对茶熟稔，常与陈琴分享饮茶心得。

爱屋及乌。作为陶瓷艺术家的陈琴由饮茶而转至研究茶器茶具。杯子的形制、杯沿与嘴唇接触的唇感、底足的高矮、拿在手里的轻重大小，甚至女性适合用的杯型、男士用的杯型……此外，红茶、白茶、普洱茶等，不同的茶类也要用不同材质和形制的茶具来冲泡。甚至在不同的季节，也有泡茶的讲究。譬如，冬季不要用敞口太宽的杯子，否则，茶会凉得太快，所用茶具的口沿应尽量往里收，有一种温暖的、包纳的感觉。在陈琴的饮茶经验里，喝绿茶时用的杯子的杯口要稍微窄一些，因其香气细腻淡雅，需要小口品味。饮普洱茶，则适合用大杯，有山野气象，感觉性情豪迈。

陈琴则对老白茶情有独钟，她有可信赖的朋友做白茶，经年累月下来，自己也积攒了不少老白茶。无论是老的白毫银珍，还是白牡丹或老寿眉，经过长时间的贮存，往往都有一股明显的药香。“冲泡老白茶，如同和有阅历的人对话。无论有什么疑问，它都能够给出一个轻巧而富有启迪性的答案。”老白茶能焖能煮，冲泡上十几道完全没有问题。“老白茶有消炎的作用，喉咙发炎不舒服，多喝上几道煮的老白茶，再加入冰糖，就会好很多。”

在景德镇，她曾经做过一批茶杯，采用的是釉中五彩的工艺，体现女性的温婉与细致。在当时的景德镇，人们做茶具时习惯将杯身涂满颜色和画满图案。而陈琴独具匠心，以素雅青釉为色，只是画上一朵或者两朵梅花，如同国画般，杯身留白。她加高了杯子的底足，并且在底部画出两道螺旋纹，不经意间，增强了装饰性。

陈琴性格开朗，有一种泰然自若的朗朗大气。这或许与她在江西武宁的深山里长大有关。所以，她爱表现那些自然造物。她在自己设计的茶器上，画上一两棵树，或者一叶小舟、几座远山、三五块石头，落笔轻灵，却是意境全出，与饮茶营造的气氛浑然一体。

“留白对于创作来说非常重要，尤其是器皿，上面的图案更不能太满。留白才会产生气韵，给人以更多想象的空间。”

如同茶不分高下一样，陶、瓷、泥，不同的材料也是各有千秋，陈琴善于将它们穿插运用。釉上彩、釉中彩、釉下彩的技法，冰裂纹的肌理效果，她对此十分娴熟。格调、品位与适用性的一致，是她多年从事陶瓷创作的心得。“性格粗犷的人适合用大的陶杯，文雅的人则适合用小一点的、瓷一类的杯子。每个人的气质审美不同，用的茶具也是不尽相同。”

喝茶的这些年，陈琴也收藏了一些茶具。这些藏品，是她审美的对象，也是研究的对象。价格再贵的茶具，也是要在生活中被使用的。“只有通过使用者，物才有了另外一种生命力。”在使用的过程中，能甄别优劣。“有

些茶具，只是单纯追求外在的极致美感，但是不实用。譬如有的茶杯，口沿太薄，简直锋利如刀片，让人无从下口。有的茶具，则过分追求所谓的轻和透，但是一倒茶进去，特别烫手。”

陈琴把自己的陶瓷创作归结为“生活的艺术”，喝茶是生活的艺术，做陶瓷也是生活的艺术。近几年，她的创作想法越来越明晰，那就是希望自己创作的艺术作品，无论是那些瓷版画，还是梅瓶，或者是一些小的茶具，甚或是盘子和花器等，都能够融入真实的生活中，而不仅仅是被藏家购买后束之高阁。

最近，她刚刚在景德镇开了一家以茶道为主题的素食餐厅。从某种意义上讲，这家素食餐厅也是她饯行“生活艺术化”与“艺术生活化”的体现。喝茶、茹素、做陶、绘画、音乐、修行……十几年来，往返于景德镇和北京，陈琴一直如此生活。之所以开此间素食餐厅，是因为她想将自己的心灵状态与生活状态在空间内融合与呈现出来。从佛家的角度讲，这也是一种布施。

餐厅内，举凡所用器具，无论是碗、盘子、碟子、茶具、一桌一椅，还是墙壁上挂的画，陈设的陶瓷艺术品，皆是艺术家创作的作品。从某种意义上说，它是美术馆，也是素食餐厅；是画廊，也是茶空间。同一座建筑物，在陈琴的构想中，完美兼具了不同的功能。它让人心生宁静，如同一片清凉地儿。如同品一杯茶，让人放松、平和，也是人的一种修行的状态。“实际上，每一个人的内心深处都有一种渴慕，渴望身心的安顿，渴望内外的合一，渴望美与生活的融合。”

墙壁上挂着瓷版画和水墨画，角落里摆着釉里红梅瓶，架子上则陈列着她多年来收藏的茶器茶具，其中不乏她自己创作的陶瓷茶具……陈琴的琴艺术空间，处处散发出精致的美感。即便是一截枯枝、半片残陶，经她信手陈列，竟也呈现出一种沉静内敛的美感。

作为陶瓷艺术家，久居景德镇的陈琴已经对这里非常熟稔。在她的眼里，景德镇这座千年瓷都，具有一种朴素的、优雅的美感，云集了喜欢喝茶，也

喜欢瓷器的人。景德镇依山傍水，周边的自然环境也具有一种美感。窑里、浮梁……都是好去处。尤其值得一提的是浮梁。白居易在长诗《琵琶行》中曾写："前月浮梁买茶去"。浮梁，即现在的浮梁县，在唐代已经久负盛名，出产很好的茶叶。

最近，陈琴开始着迷于临摹中国古画。可以看到，她的工作室内，无论是墙壁上还是画案上，都摊开着一张张古代山水画作品。于她而言，临摹古画是一种对技法和心法的训练。最终，她希望能够创作出自己的《梦山水》系列。云雾缭绕，烟雨蒙蒙，这一直是陈琴心中家乡的山水。

历史上，中国的山水画创作分为南北两派。因为她陈琴是南方人，所以与北派的苍凉雄浑风格相比，她自言对细腻秀美的南派山水情有独钟。她先从董源入手，然后是黄公望、董其昌、王辉。"这四人一脉相承，都属于南派山水画的代表人物。"

"读画很重要。"陈琴说，"一定要先读后临。"读画是揣摸前人心法，临摹是训练技法。技法需要心法的引领，心法需要技法的践行。陈琴说，临摹最累。这种累，不只是体力上的，更是精神与灵魂上的。临摹到最后，如何将这些技法融入自己的绘画中，形成自己的风格，更是一种挑战。山、石、树、桥、远近、大小、构图、比例、呼应、呼吸、整个画面传递的气韵又该如何把握。"领悟已经很难，领悟到了以后，如何用笔墨表现出来又是一个问题。因为你要表现的是你的灵魂深处你最想呈现的东西。”

画画累了就喝茶。终究，懂得出入与转换才是高手。对陈琴而言，艺术创作的过程是一个逐渐开悟的过程。她阅历渐增，不断体验、感悟、表达。于是，开悟也在时间的流转里自然而然地生发了，就如同眼前这盏瓷茶杯的开片。

NO. 5

春烟寺院茶一杯

22岁时，安意如离开安徽宣城，前往云南，开始了半隐居半工作的生活。云南以普洱茶而著称。在这里，意如慢慢接触到一些做茶的朋友，也品鉴到了著名的七子饼茶和老铁（老铁观音），以及包括冰岛、班章在内的六大茶山的普洱茶，开始了自己真正意义上的饮茶生活，开始形成自己的饮茶偏好。

“饮茶对我来说，一开始就是生活化的，而不是玄妙的。但是生活化并不意味着不讲究，恰恰相反，要想充分体会到茶的美感和滋味，最需要的就是时间和功夫。”

每年的三四月份，安意如总会去苏州、杭州等地的寺院静心、喝茶、访友，这几乎已经成为她多年来雷打不动的习惯。意如一向以写作古典诗词而为人们所称道，殊不知，她其实亦佛缘甚深，茶缘甚深。

虽身为南方人，但是，在安意如的饮茶体系中，绿茶却从来不是她的首选，哪怕是像碧螺春之类的受人追捧的珍稀绿茶。不过，这依旧不妨碍她每年回到江南饮茶访春，品饮几杯绿茶，尝到春天的味道。于她，这是与春天的江南的一场对话，亦像是完成内心的一个心愿。

喝绿茶，她曾经去过杭州安缦法云的和茶馆、青藤茶馆、龙井村和狮峰山、乾隆亲笔御题的龙井茶树下，以及西湖的汪庄。“西湖汪庄的茶馆，位置绝佳，坐在茶馆的椅子上，放眼望去便是西湖的动荡烟波。”此外，位于西湖边的湖畔居，是一家国营的茶馆，茶馆临水而居。来一杯龙井绿茶，即便不是出自狮峰或者云栖，但饮茶人看着迷蒙春日里潋滟的西湖水，心里便觉得是一种慰藉。

我们此次会面前，她刚刚从江南品茶归来。在富春山居住的酒店内喝茶，令她印象深刻，推开窗便可一览富春江。春日富春江，江水浩渺，烟波雾霭，一片青翠山野之气。沿江而行，如同置身黄公望那幅流传千载的古画中。

“美则美矣，但我总感觉，绿茶有一种让人意兴阑珊的味道，往往是三泡之后便风骨尽失，经不起推敲。不像老普洱茶之类的，二三十道过后依然毫发无损。”

她去江南访茶，印象最深刻的还是在永福寺饮茶的场景。一方面，僧茶两相契，另一方面，自古名寺出名茶，永福寺也不例外。在寺院周围的山坡

上，寺院拥有自己的一片茶园。犹记得去年春岁，我、意如及杭州本埠的几个朋友，也曾在永福寺一起喝茶。一行数人经过安缦法云酒店和杭州佛学院，沿着寺院山门的斜坡进到里面。但见四面竹树环合，水流潺湲。漫山植物的芬芳气息若隐若现。我们当时喝的是可以续杯的绿茶。茶未必有多好，价格也不昂贵，朋友相聚，喝茶喝的只是一种心境。

此番意如在永福寺喝茶，则是参加永福寺书院的一个活动。永福寺的方丈月真法师此前担任天台寺的主持，在意如看来，他是极具文化气质的僧人。“大和尚的口粮茶也是普洱茶，名为‘福禄寿’，还有中茶出品的小绿印。”

她笑道，“庙里的师父们爱喝茶，也会存茶。福禄寿便是他们珍藏多年的一款老熟普，已经有二三十年的年份。冲泡的时候，茶汤呈现出深沉的颜色，上面仿佛有一层氤氲雾气。茶一入口，便有一种经年的淡淡陈香气。方丈为我们泡茶用的是老铁壶。虽在庙里，泡茶也是极其讲究的。我有一个感觉，因为品饮方式的缘故，用玻璃杯喝绿茶总显得随意而散淡，在正式的场合，仿佛喝普洱茶或岩茶方显得正式一些。”心心念念总能如愿，她在永福寺里，果真喝到了一款出自武夷山核心产区的岩茶。“我喜欢岩茶所独有的厚重、大气。”意如自己也是更偏好后者，尤其迷恋茶在岁月里变化后的味道，“我有幸能喝到老岩茶，便真感觉是一种福报了。”

喝茶的环境亦重要。精舍在永福寺的最高处，是一座具有唐代建筑风格的大殿。茶室里面有一尊释迦牟尼的等身像，气氛庄严自不必说。四月的江南多雨。喝茶的时候，雨便唰唰下了起来。满室茶香浮动在山野清冽的空气中，听闻大和尚的妙语，便觉是人间乐事。

绿茶、老普洱茶、岩茶，意如说，人在三种不同的茶之间转换，便更觉出茶的不同滋味与情态。“不管普洱茶还是岩茶，茶底子一定要好，就是茶的原材料的质量一定要过硬。普洱茶以古树茶为佳，岩茶则以正岩为佳，如此，才能真正体会到它们的特质。二三流的茶底，很难体现出茶叶品种的特征，喝之意义不大。”

喜欢岩茶，或许与她性格中的某些特质相契合。意如看起来外表柔弱，实则内心自有一股力量。“岩茶的韵味不同于其他茶类，既不同于绿茶的淡香，也不同于红茶的甜美，也不同于白茶的清爽。我每次喝岩茶，仿佛能激发出内心一种近乎男性的豪迈的气息，仿佛自己在金戈铁马的疆场驰骋一般。哪怕是水仙，也都有一种潇洒自如的感觉，一种经历过时间与岁月沧桑的味道。这是符合我的心性的。岩茶只要自身骨骼清奇，调教得益，冲泡时，仿佛刚刚好，既不像绿茶那般茶香短暂，也不像泡普洱茶那般绵延不绝，能冲泡七八道或者十道左右，令饮茶者意犹未尽，仿佛刚刚好。所以，如果是我一个人喝茶的时候，我往往会选择岩茶。”

与友人相聚，她则会选择老普洱。“一般而言，只要掌握了简单的冲泡技巧和了解普洱茶的性格，在冲泡的时候基本不会出现大的纰漏。只不过，在泡茶时要不断感受自己的心境，随着心境的变化，泡出的茶会时而浓时而淡。如果心境始终如一，那么，茶的味道便会稳定，不会有太大的跌宕起伏。”

至于红茶，她曾经喝过一位朋友冲泡的金骏眉，感觉颇为惊艳。“能把金骏眉泡好不容易，尤为难得的是，他用的就是餐厅里寻常的玻璃杯等，可见泡茶的功力确实非同一般。”

从唐代到明代，江南的茶虽然被文人用太多的诗词歌赋加以渲染描摹，但是真正会喝茶的还是闽南人，这从潮汕工夫茶就可见一斑。“如果没有花掉足够的时间，喝茶也只不过是为了解渴而已。”

“饮茶最容易被概念化和玄虚化，但是日本茶道是一个例外。”她曾经在京都体验过日本茶道，“日本茶道的仪式感很强，在这种仪式感之下，茶本身反而变得不太重要了。无论是‘禅茶一味’，还是‘一期一会’，对茶道精神的体悟因人而异。无论如何，你能够在茶之外体验到一些精神层面的东西，才是最重要的。”

NO. 6

经由茶寻找内心的自己

我在上午十点赶到蔡永和先生下榻的酒店与其见面。尽管前晚与香港著名宋元茶器收藏家、泰华古轩主人麦溥泰先生品鉴红印至凌晨三四点钟，但出现在我面前的蔡永和先生依旧颇有精神。作为享誉华人茶界的茶人文摄影师，此次在北大举办的“闲适与雅致”宋元茶器展，蔡永和受麦溥泰先生所托，带着古瓷器物亲赴香港、京都等地的古典茶室及书房拍摄外景，为此次展览拍摄了大量精美的摄影图片。他捕捉刹那流转的光影，恰到好处地传递出了宋元茶器的精妙神韵，昭示了中国茶文化与时间的神秘奥义。

酒店客房内，蔡先生殷勤地为我沏上一杯台湾木栅老铁观音，一边和我娓娓道来，讲述他的茶摄影之路。

十余年前，在台湾进行了大量的商业摄影之后，他感觉到了一种困顿和疲惫。“早些年的打拼确实让我很早即实现了财务自由。但是超负荷的工作，已经变成了莫大的压力，对我的内在造成了某种伤害。”由此，他便开始思

考调整自己的状态，规划后面的人生之路。一个契机令他正好得以离开繁华的台北都会，举家搬迁至位于自然保护区的山间。

“尽管远离城市尘嚣，遗世而独立，但是那个山城社区里，高大的林木耸立，是台北近郊最早，也是最成熟的社区，外表老旧，但是别有一种质感。这里居住着大量台湾出版界、艺术界、文化界的朋友，其中不乏业界知名的文化人。不管有没有好的经济基础，我发现他们都生活得自在、开心，每个人几乎都是生活家，跟我原来的状态完全不一样。”

在此之前，蔡永和对茶完全没有认知，跟这些艺术界、文化界的朋友在一起后，他开始慢慢地接触茶，认知到茶的美。“不管是画家，还是作家，他们都爱喝茶。有一些较为年轻的爱茶人的品位格外讲究，甚至去上专门的茶课。”他由衷地感叹，“在他们的家里，随手都能拿出茶来，给我泡着喝。我才知道，原来自己错过了那么多美好的东西。”

有一次，山上的朋友自外请来茶家举办了一个季节茶会，蔡永和也前往参加。这是他第一次参加正式的茶会。“与在朋友家里随性喝茶又不同，茶席的布置、茶具的陈设，分外雅致，近乎考究，我都吓了一跳。”那山，那人，那茶。冥冥中，仿佛有一种感召，他开始对茶产生了兴趣。加之身边的一些朋友不断邀请他参加各自的茶会，受他们的影响，蔡永和也加入到习茶的行列中来，踏上了习茶之路。

最初，热衷习茶的他请教过不同的茶道老师，最后，则因缘和合，拜在了台北人澹如菊茶书院主人李曙韵老师的门下。

“与李老师相识，也是因为我经常参加茶会。因为自己习茶的缘故，我也比较关注台北茶文化的发展。第一次受邀参加李老师的茶会，我就被震撼到了。那是一个剧场式的茶会，在辜振甫先生创办的台北戏棚，李老师邀请了近百位茶客人，融入了当代的表演艺术。现场布置了一片树林，台湾著名的南管表演艺术家王心心与古琴演奏者合作，现场演唱南管之音《黛玉葬花》。乐声中，侍茶人缓缓从林间走过。”情境式的表演，融入的当代美学，让人印象格外深刻。

“后来我与李曙韵老师相谈时，分外默契，她问我是不是可以合作。在李老师的规划里，未来还有许多的茶会要做，她希望将来可以通过摄影来做记录。她知晓我已经非常非常喜欢茶了，便邀请我参加她的习茶课。只有这样，才能更精确地理解并捕捉到李老师试图传递的茶文化的理念和态度。”

“现在，茶摄影就是我用自己的擅长，去记录自己喜爱的事物。”蔡永

和说，“通过茶，我重新发现了摄影对我的意义，仿佛生命重新开始了。”

一方面，手执相机的他是一个冷静的、抽离的旁观者，去观摩茶在每一个时间与空间里的演绎；另一方面，他又是一个心灵丰盈的、敏锐的感受者，是一个不断地去体味茶文化在当下文化语境中行进的参与者。客观与主观，理性与感性，二者之间，存在着微妙的关系。

“影像有一种如同镜子一般的作用，会帮助你看到你想发现的事物。我在记录那些侍茶人认真侍茶的时候，作为个体的我几乎是处于一种不存在的状态的。我完全聚焦于当下的主题与拍摄对象身上，忘记了自己是一个拿着相机的人。我的心只是很安静地，也很安定地随着侍茶人与喝茶人之间互动的节奏在走，在这样一个共修的空间里，那种入定般的感觉，让人如同进入一座庙堂，进入一座心灵的圣殿。”

从 2006 年开始到现在，近十年的时间里，蔡永和参与了大大小小上百场茶会。目前，在包括李曙韵等老师的引领之下，台北的茶会比较兴盛，在特定的季节里，茶会更是频繁。“举办茶会的频次多了，难免存在泥沙俱下的状况。但是，可以说，茶会最好的光景，我参与了，也见证了。无论如何，从茶会的滥觞到现在，我都珍惜自己参加过的每一场茶会。因为，每一位老师的初心和用心，都值得人们感动。无论对于侍茶人，还是对于摄影师而言，时缘，都是一个无法复返的初衷。”

蔡永和谈到，作为爱茶人，或者是相关的文化工作者，都应该带着一颗省思与觉知的心去感受茶和茶文化。“我相信这是文化人都会有的自然而然的觉知。”

世界上所有的照片构成了一个大迷宫。照片能印证一件事情，也能让一件事情变得更加模糊迷惘，这是摄影的力量。蔡永和强调，影像不是创造，而是发现。“在西方人的摄影观中，影像与看的方法与视角有关，特别强调你看的位置。”摄影强调冷静、客观、理性，强调纪实。“但是，如此而言，茶如何纪实？”他问我，又像是问自己，“有一个人在泡茶，同时有一个人在喝茶，都很认真。这是纪实吗？不对，我们把茶喝了才算？喝了酒算是纪实吗？也不对。我们知道，喝茶还要讲究茶气，讲究回甘，讲究口感，讲究品鉴茶的花香或者果香……喝茶是一个把声色香味触五感打开的过程，这些用摄影如何去拍？如何去体现？”

“所以，摄影留在书本或者杂志里面的，就是一个安静的、静止的，被时间解构的一个moment，一个瞬间。”就如同他这次远赴京都拍摄器物海报，一只宋代巩义芝田窑三彩台盏，背景墙是茶室的一幅宋画，山水竹叶，静静伫立。俨然有茶瓯香篆小帘栊，花开元自要春风的神韵。又或如另一帧摄影图片，金代的定窑酱釉印花碗，仿佛被不经意地置于京都城区的石板路上，如同山僧汲水漱壶沙，或者是石经穿云入，溪流映日斜的意境呼之欲出。

器物本身就是老的，带着光阴寥廓的气息。他的摄影作品，无论哪一幅，哪一帧，细细观看，都会让人感觉到宁静的呼吸和无比的欢喜，仿佛功力深厚的修行者进入深深的禅定。

蔡永和坦承，这种拍摄的功力便是从茶中借来的。“茶把我引导到一个形而上的位置，让我后来的拍摄都是以茶为主体，或者即便不是以茶为主体，也想去表达那种仿佛时间被冻结的古典意义上的美感，即永恒的冻结感。对我来说，那个瞬间的 moment 不重要，重要的是永恒。被瞬间截取的影像，成为静物般的存在，成为凝固的时光之诗句。这种影像风格，正是我努力追求的。”

“现在，我回头看自己走过的路，确实有一些大的转变。”蔡永和说。与茶相遇，则是这条路上的转捩点。只是，经由茶而进行的内在的自省与整理，是一个漫长的过程，并非一蹴而就。而且，这个转变是一个充满了无数细节的过程，难以一语以蔽之。就如同茶席摄影，是由无数个人造就出来的流动的风景摄影。换而言之，茶的风景，其实是人的风景，是由无数人的投入与参与而呈现出的一种生命的丰富性，是人与人之间的情感的撞击，是人与茶之间的互动交流。

动态的交流，最终通过宁静而欢喜的画面表现出来。他信奉特蕾莎修女所言的，世间的寂静是人的内心和平的开始。而茶在禅堂之中，曾经作为不夜侯出现，助人修行。当人们感觉身体疲劳困倦，昏昏欲睡之时，茶帮助人们提振精神，有助于修行的精进。

现在，在形而上的领域里，人们则通过茶追寻一种安静而饱满的精神状态，或者把饮茶当成歇息，即便这种歇息是短暂的。蔡永和并非佛教徒，也没有其他的信仰。但是，他始终相信，人们试图在宗教中探寻的某种安静的力量，在茶中同样能获得。“在中国人的日常生活中，与人喝茶是一种人际交往的润滑剂，能传情达意，表达人情世故的起承转合。跟朋友一起喝茶、聊天，一杯茶中蕴含着一种世间的情缘。”

他讲起昨晚和麦先生以及其他几位朋友喝茶的事来。“麦先生特别让我泡红印。红印茶确实很好，非常耐泡，昨晚泡了十几道，今天早上我还在喝。茶已经淡了，但是我仍然舍不得扔掉。不是因为它的价格昂贵，而是我相信一款历史已经超过五六十年的茶，一定是值得爱茶人珍惜的。而且，它的品质确实很好，茶的气韵特别饱满，让人感觉不可思议。”

蔡永和有一位老师专门教授他品鉴普洱茶，在茶的价格未被炒作之前，他通常都把号级茶或者印级茶作为口粮茶来喝。而现在，能喝到这样的茶已属珍贵，甚至珍稀。“当茶变为一种显学，一种社会风尚的时候，它的被过度物质化与价格炒作就开始了。作为文化人，要自省与检讨，要警惕周遭环

境的变化，也要警惕自己与周遭环境的关系。我有一种感觉，清贫乐道的时代似乎距离我们越来越遥远。”

“我是一个特别珍惜当下茶缘的人。我自己从来不会刻意囤茶，有一些茶因朋友分享而来，也有一些茶随朋友分享而去。我的生活态度也是如此。我的生活很简单，能用最轻省的方式过活，我很清楚地知道自己要过一种怎样的生活。总是有一种小小的智慧在提醒我，无论是生活还是生命，路就在那里，不要去绕远路。你只要把脚步跨过去就好了，不需要什么特别的姿势去踏出这一步，也不需要特别小心什么。”

就像昨晚的红印，蔡永和把茶泡给五个人喝，他用手比画了一下。“我的壶特别小，是我出门旅行用的一把紫砂茶壶，只有握拳般大，水量只有100CC左右，投茶量又那么少。但是，每个人都觉得自己喝到了饱满的茶汤精神。”朋友们称赞他泡茶的技术高妙，“其实，并不是我的泡茶技术多么高超，而是我懂得珍稀。”

这是蔡永和称之为“减法生活”的生活态度。饮茶如同生活，不只关乎一种美学，还是一种选择。他谈到，宋代文人讲究器物的简约，风格无不利落而大气，这种美感才是恒久的，放到今天已被认为是经典。这就像他对茶的认知，茶有灵性，归根结底是要有助于人的成长与修行的。

古代的文人，多以琴为道器修行，与自己的内心对话。蔡永和认为，现时代的文人，或可用茶作为修行的道器。“文人透过茶，洞晓天地自然运行的真谛，从而通往内心形而上的部分。一切都在于自己的投射，从这个意义上讲，摄影也是道器，茶是道器，都用以寻找心内的寂静，都回到人与人之间交往的善意的初衷。”

不忘初心，方得始终。摄影如此，饮茶亦是如此。无论做什么，内心保持诚恳的、初衷的喜悦状态，才是最重要的。

第三部分

CHAPTER 3

1 一盏琉璃茶时光

2 禅茶一味是清欢

3 知白守黑的茶之道

4 弹琴饮茶，守心如一

5 通往心灵的幽径

6 眼前的每一杯茶都千载难逢

NO. 1

一盏琉璃茶时光

一茶一世界，茶中纳须弥。在赵州柏林禅寺首届赵州茶席茶会活动上，宗舜法师面前的001号茶席的布置尤其引人瞩目。那张茶席的茶具，全是白色透亮的琉璃。琉璃是佛家七宝之一，寓意深刻，象征了灵魂的通透与光明。这是茶与灵魂的诉说。“宗舜法师倡导禅茶三戒，戒庸俗，戒奢侈，戒浮夸。”于是，梁明毓以此为灵感，便有了如是茶席的设计。宗舜法师法心欢喜，将其命名为“心如宝月映琉璃”。

在苏州本色美术馆举办的年度茶人大会上，梁明毓更把一株松树从北京运到苏州，以营造出自己想要的喝茶意境。茶室内，松树下的茶席上，依然摆放着他的那些琉璃茶盏。他一袭白衣，端坐于茶席之前，眉宇间流露出淡然的气质。

“愿我来世，得菩提时，身如琉璃，内外明澈。”梁明毓工作室的一张桌子上正摆满了他的琉璃茶盏，日光下，一盏一盏，透明澄澈。“每烧制一

批琉璃出来，难免会有残次品。”他说，语气中不无遗憾。残损严重的茶盏，直接在工厂里就砸掉销毁了。那些有些许瑕疵的琉璃茶盏，譬如杯体上有一道浅浅的划痕，不仔细看，根本看不出来，但是梁明毓自己明察秋毫，也一只只挑拣了出来。一千多只杯子中，最多能挑出两三百只完好的。其他的，要么是气泡太大，要么是划痕太重。“喝茶本是为了愉悦身心，不要因为某些瑕疵的存在而影响了喝茶的心情。”

为了增加琉璃茶盏的独到美感，他还在琉璃茶盏上刻画。或是祥云、莲花，或是落梅、飘零的桃花瓣，或是修竹的图案，随意随心。他用雕玉的电钻作为画笔，往往寥寥数笔下去，只是一会儿的工夫，一朵花或是一朵云就呼之欲出了。那些有图案的琉璃茶盏，看起来似乎更加精致一些，受到无数爱茶人的追捧。

梁明毓曾经与朋友开过一家设计工作室，某一次为客人设计定制礼品的时候，他突发奇想，选择了琉璃作为材质。那时，他已经开始习佛，这件以琉璃为材质的名为“沐浴佛光”的作品，便是他当时对自己习佛的某些心得的呈现。琉璃创作，对于梁明毓而言，也始终是一种表达方式。

市场的认可，令他便逐渐萌发了专事琉璃的想法。“其实当下做匠人还是挺难的，需要耐住寂寞。”梁明毓如是坦言。一开始，他完全靠自己的设计来勉力支撑琉璃创作，慢慢地，喜欢他的茶盏的人越来越多，他也逐渐有了自己的影响力。

我一边喝茶，一边与梁明毓聊他的琉璃创作。与我一样，他也是喝武夷山的岩茶。巧的是，我们在武夷山有共同的做茶朋友刘清。岩茶是半发酵清茶，梁明毓则对牛栏坑的肉桂情有独钟，这种茶的花香浓烈，爽滑醇厚。

实际上，梁明毓堪称是以琉璃做茶盏的首创者。在他之前，因为制作工艺的拘囿，无人尝试。一般而言，通常的饮茶器具，多是陶、瓷、紫砂等材质。而琉璃的创作，从雕塑开始，到制作蜡模、细修、浇铸、退温、冷色、打磨等，计有十三四道大的工艺环节，繁琐异常。不同的琉璃颜色，对温度的要求不一样，一般的颜色都需要800到1000度的高温才能烧成。

梁明毓茶盏的设计灵感，多来自于文化典籍或者佛经。譬如他的花信1号系列茶盏，取用了宝相花的花形，宝相花是佛教中的一种花，在现实生活中是不存在的。宝相花由荷花演变而来，花瓣的形状如同荷花花瓣。而他痴迷于宋代器物，虽是花瓣形状，设计却不繁复，简洁明确，深得宋人精神。

一款竹窠水仙的老茶茶汤在琉璃公道杯内呈现出深沉透亮的质感。光影流转，隐隐约约，若有若无，皆若空中无所依。白色琉璃茶盏，未注入茶汤时稍显轻盈，一俟注入茶汤，尤其是深色调的普洱茶或者岩茶类茶汤，便会显得茶汤透亮丰盈。加之光的折射作用，令茶汤看起来美轮美奂。以白色琉

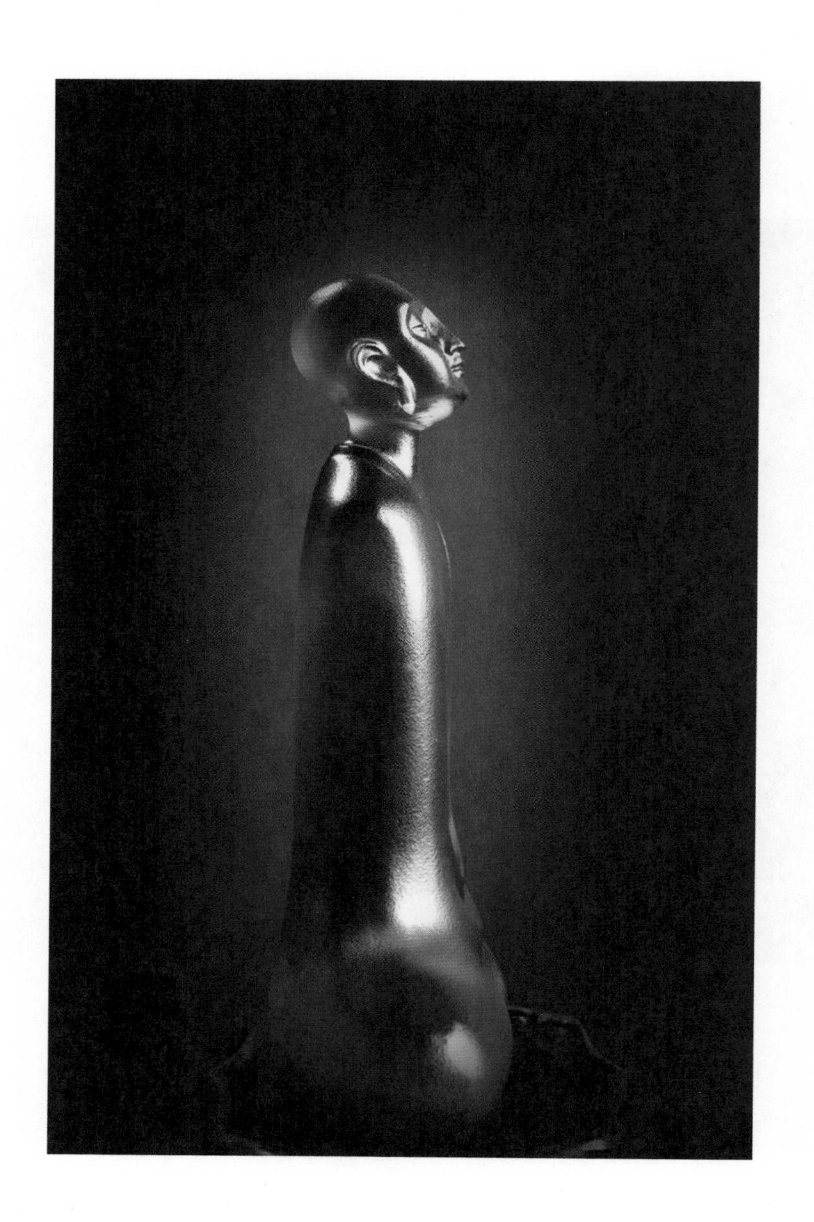

璃茶盏看茶汤一道一道的变化，由深变浅，由浓变淡，仿佛印证了佛家讲的“无常”。一杯茶汤入口，感觉到一股淡淡的薄荷般的凉意。他别具匠心地在杯体画上梅、兰、竹、菊等图案。中国传统文化中的意象，在他看来，“对于创作而言，中国传统文化的元素取之不尽，用之不竭”。很难说，是琉璃提升了茶汤的颜色，还是茶汤美化了琉璃茶具。一切都是如此相得益彰。

茶席上，盛废弃茶水的建水也是梁明毓的琉璃作品，有细腻的光泽感，润泽如玉，让人初一看会误认为是用玉制而成。莲蓬形的琉璃盖子，更是精细入微。

此刻，他所使用的花信 2 号杯，窄口，锁香效果明显。兼之采用了物理喷砂工艺，琉璃杯表面有细小气孔，使得茶的香气也容易挂在杯上。

梁明毓正式接触佛法，是在 2012 年。作为佛弟子，梁明毓每天都要做功课，磕大头便是其中之一。每天早上，他磕完一百零八个大头，再来工作室。“修行发自内心，但要落到生活层面。所谓闻思修，就是修行不能只停留在闻与思的层面，修身，养性，更要身体力行。”

梁明毓认为，修行是对自己的护持。戒律来自于内心，规范自己的行为模式，因果和业力都是警示，让人规范自己的行为，尽可能不犯错误或者少犯错误，避免受到伤害或者将伤害降到最低。

梁明毓修习佛法，也修习茶。为了让自己对茶的理解更加精深，梁明毓向云南茶人王迎新老师修习人文茶道。“饮茶讲究心境，而心境会受到外界的影响。所以，在喝茶的时候，需要营造一种氛围，饮茶器物与整体环境便显得格外重要。”他对茶会的举办、茶席的布置、器物的陈设、泡茶的细微手法，甚至茶席方巾都要自己亲力亲为。“亲自动手的过程，也是一种修心的过程。在饮茶中，不知不觉偷得浮生半日闲，也是一种乐趣。”

梁明毓说，做琉璃如同泡茶，需要有一颗细致的心。他打了个比方，二者都如同刀尖上的舞蹈。细微的变化都会被无限放大。对于细节的锤炼，便显得至关重要。泡茶时心态要稳定，凝神静气，气定神闲，才会泡出好茶。心手不一，浮躁飘忽，好茶也会被浪费掉。茶不同，对水温的要求也不尽相同。注水的高度与角度，出茶汤的时间控制与角度，也都因茶而异。茶席之上，茶才是永远的主角。“器具再美，对泡茶的种种细节稍不注意，也不会泡出应有的味道。”岩茶一类的茶，适合高温高冲，绿茶与新的白茶一类，则适合低温低冲。前者在高温之下，香气会瞬间被激荡出来。后者因为较细嫩，所以需要让香气缓缓地释放。

身为琉璃匠人，也是爱茶之人，梁明毓深谙茶之性。“一泡好茶是因缘和合的结果。”梁明毓说，“茶好，器美，泡茶手法正确，最后，还要有对天地万物的敬意，才能把茶泡好。”

NO. 2

禅茶一味是清欢

“云浮山际掩禅院，月涌天心透客居。幽径不寒林影下，红袍味里夜可无。”我造访武夷山的天心永乐禅寺，有几次与泽道法师一起喝茶谈禅。寺院的茶寮依山而建，透过打开的玻璃窗，可看到远近水墨画般润泽的山景。室外正哗哗下着大雨，山间有淡淡的云雾弥散。靠窗的几株水杉，在风雨中摇动着身影。

一切景语皆情语，眼前一切皆透着禅意，让人不由感怀唐人卢仝在《七碗诗》里所写下的诗句：“蓬莱山，在何处？玉川子乘此清风欲归去。”我犹在回想《法华经》里“阿罗汉，诸漏已尽，无复烦恼，逮得己利，尽诸有结，心得自在”的经文时，泽道法师推门进来。他脖子上挂着一长串褐色佛珠，着一身茶褐色常服，脚踩着一双浅色的布履。

泽道法师在13岁时即皈依佛门，“为寻求人生的另一种答案”，他云游四方，遍访名山大川。1988年，28岁的他入住天心永乐禅寺。十余年来，

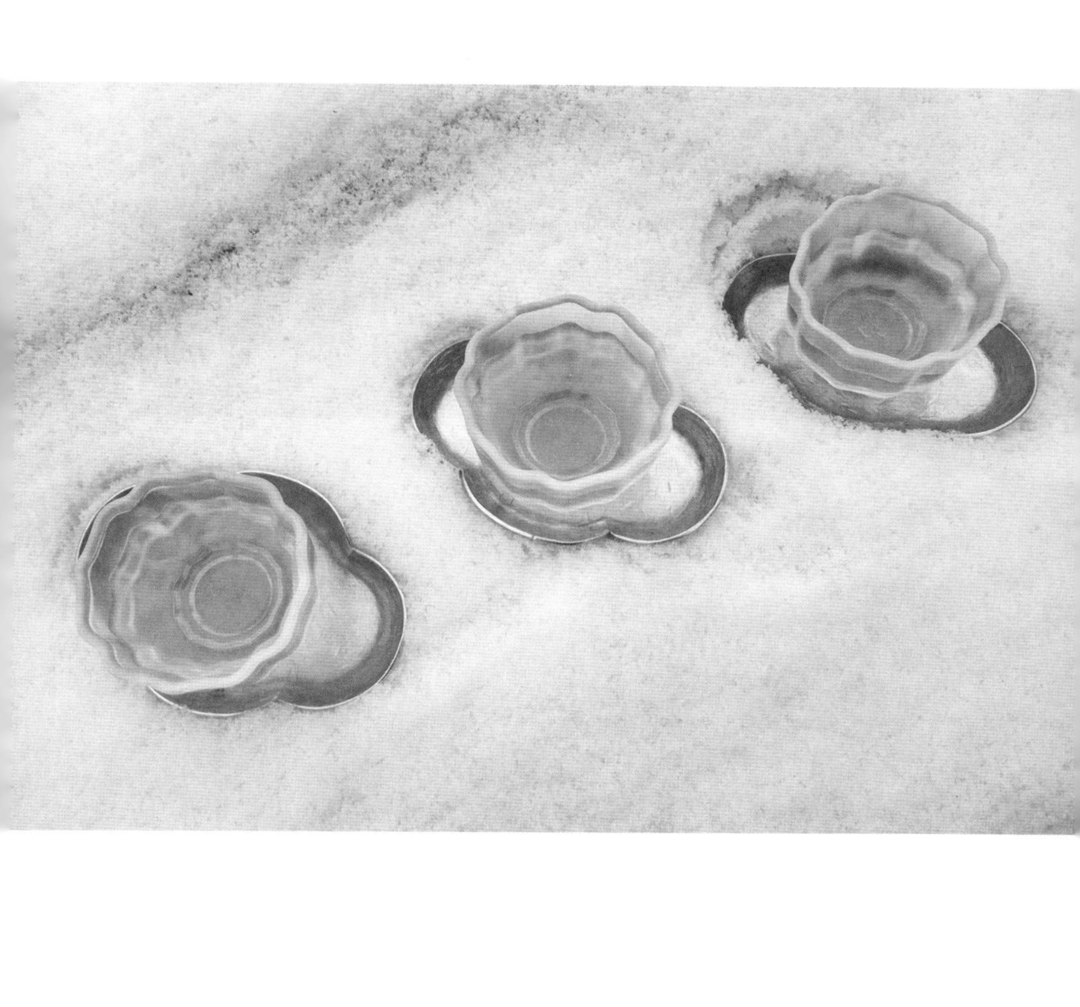

在他的努力下，曾遭到严重破坏的天心永乐禅寺终于又迎来鼎盛香火。

法师虽身为出家人，却深知在家人求名求利之苦。他说，人要时时刻刻保持一颗清净的心做事情。“茶是一种饮品，更是一种精神，它代表一种内向的、安静的精神。酒会让人越喝越躁，茶却会让人越喝越静。一个人能够静下来的时候，才会有智慧生成。就像诸葛亮说的，非宁静无以致远。的确，心静才能够致远。”

在法师看来，浮躁的时代里，茶更是一个精神的载体，饮茶便是与自己的心灵对话。“时常饮茶可以让人保持一种能量平衡的状态。在不断向外追逐的过程中，人的内在能量便被大量消耗，你的能量一直处在向外释放的状态，你需要屏蔽掉一些事情，就像关掉一扇门那样。当你饮茶时，你的心静下来，你的能量开始补给。”

“见山是山，见水是水；见山不是山，见水不是水；见山还是山，见水还是水。”在他看来，禅与茶的关系亦如此。茶既是茶，茶又不是茶。它不是茶时，便是“参禅悟道之机，显道表法之具”。禅则以茶静心，求正清和雅。“人就是这样，什么都是拿起来容易，放下难，做加法容易，做减法难，寻找热闹容易，求个安静难。”

泽道法师讲到，禅茶的关系由来已久，在《续茶经》里曾有记载：“武夷做茶，僧家最为得法。”这个“僧家”，指的是天心永乐禅寺的僧人。明朝永乐年间，朝臣胡滢作诗一首：“云浮山际掩禅院，月涌天心透客居。幽径不寒林影下，红袍味里夜可无。”这首诗即点明了大红袍与天心永乐禅寺之间的紧密关系，可以说正是天心永乐禅寺的僧人在生活、参禅与整个修行的过程中培植出了武夷山大红袍。“大红袍祖庭”的石碑就醒目地伫立在前往天心永乐禅寺的石阶旁，提醒着每一位来访者大红袍之与天心永乐禅寺的渊源。

僧人在坐禅之前先喝茶，所以庙里有专门的“茶头”，专门负责为众僧人煮茶、献茶。“茶象征着罗汉的自在，也象征着僧人的隐忍。”泽道法师如是言。茶叶在热水的冲泡之下，涤荡尘嚣，了断种种烦恼。茶叶历经采摘、做青、揉捻、焙火等繁复工序，如僧人经历万般折腾，却始终保持隐忍。茶更象征着一种人生。无论是“琴棋书画烟酒茶”还是“柴米油盐酱醋茶”，高雅的生活或琐屑的生活，都有茶的身影相伴相随。都说“人间有味是清欢”，有茶的人生，方能算是“清欢人生”。

“心静则国土静，心安则众生安。自然的心静就是持戒，持戒是一种内在的自我约束。”他谈到，与酒不同，喝酒会激发出人内在的更多欲望，让人变得更加狂躁不安，而饮茶有助于人对于自我欲望的控制，就是“知止”。《大学》里说：“知止而后能定，定而后能静，静而后能安，安而后能虑，虑而后能得。”懂得控制，适度节制自己的欲望，达到一种平衡的状态，这也是泽道法师所认为的喝茶对于现代人的意义。

在武夷山，我也曾随茶人刘清一同前往天上宫，拜访林清道长。

武夷山的儒释道三教中，道教占着主导的地位。北宋时期的宋真宗年间，道教的宫、观、堂多达三百多处。保存至今的天上宫则兴建于清代康熙年间，坐落在九曲溪畔的星村黄花岭之上。同天心永乐禅寺相同，建筑精美的天上宫也曾遭遇劫难，一度破败不堪。在林清道长掌管后，曾经被废弃的道观得以重建，香火日渐旺盛。

40 多岁的林清道长看起来颇具仙风道骨，红光满面。他上身穿一件白色的棉麻道袍，下身着一条黑色的腿脚肥大的裤子。他把头发在脑后绾成一个大髻，嘴角和下巴上留着一层胡子。

他穿过大殿迎接我们，熟稔地同刘清打招呼，把我们迎到后殿的一间厢房中去。空落落的一间房子，动静大了会有回音。靠窗有一张宽大的红木桌子，零落地散放着水壶、茶壶、茶杯，一应俱全。

我们围着桌子而坐。道长居中，为我们烧水泡茶。他拿出一包茶，“这可是好茶，自家茶园的，我平时喜欢喝武夷陈茶。1981 年和 1982 年左右的时候，茶厂好多茶做出来都没人要，到现在可是个宝了！”他端起茶杯，啜了一口热茶，又补一句，“而且那时都是正山茶，没有外山茶。”

谈及茶与道的关系，林道长说，武夷山最早的茶并不叫“大红袍”，而是叫“纯阳茶”，这是为了纪念北五祖之一的纯阳真人吕洞宾。“在唐代的时候，即有‘采得仙芽献地仙’的句子，地仙就是武夷君。”

林道长已经在武夷山居住了三十多年，早晚必做的功课是念诵《太上老君说常清静经》和《元始天尊说生天得道真经》。他引用《太上老君说常清静经》说：“人能常清静，天地悉皆归。夫人神好清，而心扰之；人心好静，而欲牵之。常能遣其欲而心自静，澄其心而神自清……观空亦空，空无所空；所空既无，无无亦无；无无既无，湛然常寂；寂无所寂，欲岂能生？欲既不生，即是真静。”

清净的对立面是“浊”与“动”，“浊”与“动”的源头在于欲望。世人的贞静之心，多被欲望羁绊。欲望涌动，打破内在平衡。所以，林道长强调，人要获得快乐，必须要抱朴守拙，即“虚凝澹泊怡其性，吐故纳新和其神”。

道教崇尚“天人合一”的思想，主张人与自然的和谐，人自身即是自然的一部分，所以，人也要与自己和谐相处。“现在，城市人的生活压力越来越大，彼此间的不信任感也越来越强。我们无须清静无为，也无须清净避世，但也要在生活中顺应自然，修身，修心，以求静，求智慧，求健康。如何做到这一点？你只有把心放下。”

在人心日益浮躁的今日，林道长向我们揭示的或许不只是一种养生方式，更是一种关乎内在信仰的哲学。

茶中，既有菩萨的心肠，有凡人的苦涩，有僧人隐忍，更有罗汉的自在。在隐忍中精进，在苦涩中找到一份自在，喝茶是这样，往大里说，人生的路又何尝不是这样呢？

所以，茶也总是能带人们找到自己想要的生活：不管是慢生活、智慧的生活，还是更为宽容的生活。茶能让人懂得控制，适度节制自己的欲望，达到一种平衡的状态。

吉先生
影印本

NO. 3

知白守黑的茶之道

三年多前，一音禅师离开九华山，来到了宣城的查济古镇。“十里查村九里烟，三溪汇流万户间。寺庙亭台塔影下，小桥流水杏花天。”诗中的查村，说的就是这里。“现在，查济古镇的闻名，在于它的明清古建筑群保存完好。原先，这里曾经有一百零八座桥梁、一百零八座庙宇、一百零八处祠堂，人文气息浓郁。”一音禅师告诉我。

大片徽式建筑风格的建筑群出现在眼前，白色墙壁、黝黑屋瓦、浅灰色马头墙，老式民居鳞次栉比，连成一片。云形、弓状、阶梯式的山墙，式样多变，充满一种淡远的美感。脚下照例是清一色的石板路，石板早已在时光的打磨下泛出微光。这里的大部分房子里依旧住人，乡风淳朴，我们像串门般地随意进入居民家中转悠。

去到一音禅师的禅院，需要穿过这座古镇。“三水村中流，三塔拱四门，石桥跨河溪，两岸古建群。”然后沿着山路向上徐行。越往上，路越难走。

没有熟稔的车技，还真驾驭不了这路况。沿着山崖而行，沿着曲折山路上山，在一个分岔路口处往左行不远，便是一音禅师的一音禅院了。

整个禅院坐落在一座山的脚下，之所以选择了此处，法师也是看中了此处的风水。按照他的说法，此处左青龙，右白虎，是吉相。远远地，便看到白墙上“一音禅院”四个黑色大字，清晰入目。进入山门内，便是豁然开朗的一个大院落，占地有十几亩之多。整个院子就是山的一部分，所以，院子内的地势高下起伏，有山，有溪水，有树木，有田畴，有水涧，甚至有一处泉眼，仿佛世外桃源一般。

院子里，有几处已经建好的房子，茶室、佛堂、餐室、厨房、寝间、活动区，无不齐备。整个的建筑风格呈现出一种暗淡、内敛的灰色调，与山景融为一体，丝毫不显得突兀。在建筑物的细节处理上，也让人赞叹。玻璃的大量使用，使得坐在室内时，无论饮茶还是谈话，都能看到外面的山景，心情自是不同。

用过斋饭后，我们几个人留在茶室内喝茶。话题并无特定方向，佛法、茶事、篆刻、艺术，如话家常。禅声短短长长，不时有飞虫飞过来。深红色的普洱茶汤在茶杯内闪动着光晕，“在山上，最不缺的就是这些虫子。”禅师笑着说。一只绿色的树蛙趴在茶室入口的玻璃墙上，一动也不动。“它从下午四点钟就一直趴在这里了呢！”比我们早上山的一位朋友笑着说。“山上的动物都是有灵性的。”有人赞叹着附和。禅师童心大发，走过去，拿起

手机拍了几张树蛙的照片给我们看。

一音禅师与茶的缘分由来已久。他近些年来饮的茶以岩茶与普洱茶居多，尤其是对岩茶中的白鸡冠之类的小品种茶，情有独钟。一音禅师强调，“但是，我对茶是没有分别心的。绿茶、白茶、红茶、黑茶，甚至一些花茶，各有其美，只是每个人对茶的喜好不同。佛家是不讲分别心的，只是依据各自的喜好来饮茶即可，不必执着。喝茶，喝的是心境。只要你喝茶的心境好，那么，茶的味道就会好。”

在禅院附近的山上，有一百多株老茶树。时值明前，正是采摘明前绿茶的好时节。禅师打算请几位朋友一起来采茶，甚至考虑要学习做茶。“学习做茶，掌握一些做茶的方法应该也是一件有乐趣的事情。”

一音禅师说，《楞严经》里讲，戒、定、慧，三无漏学，是佛法的根本所在。摄心为戒，因戒生定，因定发慧。我们谈修行，谈佛法，修的是自性，明心见性。在这个过程中我们要不断调整自己的心态，不要偏离了自己的方向。禅宗也是心地法门。

最近一段时间，禅师一直在听《楞严经》，常听常新，自谓又有不少心得。谈到禅茶一味，一音禅师也运用《楞严经》里的句子来解释。“《楞严经》里也说，一为无量，无量为一。不管是喝茶、行禅、打坐、写字，还是习武、

画画，起心动念间，佛性都是通过心来运用的，所以，只有一个东西在起作用，那就是我们的心在起作用。只有一个东西存在，再无第二个东西，那也是我们的心。茶与禅是一体的，是一个味道。可读开悟的《楞严经》，成佛的《法华经》。”

笃信佛教的一音禅师，其实饱览群书，博闻强记，对道家思想也颇为精通。他对于老子提出的“知白守黑”四个字领会颇深。“知柔守刚，知雄守雌，知白守黑。”“这是一种道家的方法论和态度，让我们知进知退，这与佛法的态度不同，在佛法里是没有对立的东西的。《楞严经》里讲破掉自然和因缘，没有自然，也没有因缘，佛祖讲法不是讲因缘法吗？但是你看一下《楞严经》就会知道，实际上，终极的佛法是连因缘也要破掉的。”

一音也喜欢在山间饮茶。天暖气清，适于饮茶，他便会和友人于田间山间生柴火，煮清茶。“都说禅茶一味，那么，禅在哪里呢？禅就在当下。饮茶之际，心下没有妄念，一片清静，那么，禅便已经在茶味中了。”炉下烟火起，一串佛珠、一壶清茶、几只青花茶盏。远处一片云雾升腾翻滚，如禅意，如茶味。闻思修，三入定。

一音禅师对于院落的布置、器物陈列等，颇有自己的心得。佛像、瓷器、盆栽、桌椅，一草一木，一杯一盏，无不得当，处处透着充满灵动与灵性的美感，却又信手拈来，没有雕琢的痕迹。“真正的美，无论是艺术之美，还

是自然之美，特别是艺术作品，一定要建立在真与善的基础之上，否则就是伪美。做人首先要做一个真的人，有真性情，去伪存真。通过你的眼睛、你的心，去发现自然与生活中的美，培养、捕捉自己对美的感悟力。”

郁郁黄花，无非般若。青青翠竹，尽是法身。一草一木，一山一水，山野间的兰花、梅花、梨花、竹林，都可视为我自己，无不是我们清静法身的显现。随着我们个人修为的提高，我们的心也会起变化。

大多时候，他和朋友一起喝茶，自己偶尔空闲的时候，听经的时候，也会喝上一杯茶。接待来访，成了他一天中的重要功课。好在谈笑有鸿儒，往

来无白丁，喝茶和与朋友交流都是愉悦的事情，一音禅师很享受与朋友喝茶的气氛。

会客也是修行，是待人接物的世间法，把对方当成是来成就自己和度化自己的，关键是对人不要起分别心。对境练心，他也会偶尔起烦恼，但是念头一起，就会关照到它的出现，赶快转化掉。就像喝茶，偶尔喝到苦涩的茶，也会很快转化掉一样。

一音禅师在山上，作息时间比较有规律。他早上四点多醒来，五点多准时起床，念诵大悲咒、敲钟，但是因为怕敲钟的时间太早会打扰周围村民休息，敲钟的时间会晚一些。他上早课、晚课，白天抄经、会客、画画，大多是在晚上十点半左右歇息。

“佛以一音演说法”，一音，是佛音，另外，他给自己起名为一音，与他善吹箫也有关。“琴箫可为道器。”

从无到有，从山地到居间，一音禅师用行动诠释了何谓世间法。他也践行着世间法，晚上行禅，白天会客、礼佛。山不在高，有仙则名。水不在深，有龙则灵。一音禅院虽然地处皖南山区的偏僻一隅，却已经渐渐声名鹊起。这当然是因一音禅师的魅力。他精通佛法，工于绘画与书法，并且通晓音律，尤其善于尺八吹奏。

有几个弟子慕名而来，向他学习篆刻、绘画、尺八吹奏等。“他是从哈尔滨过来的，不知道从哪里听说了我。”禅师指着一位看起来很内向的小伙子说，“他没有我的电话，就自己跑过来了。”

聊到起兴处，众人纷纷移步来到另一个地方，听禅师吹奏尺八。

这也是一个雅致的房间。以沙铺地，遍植修竹，几个草编蒲团散落在场地上。众人随意落座。“这是尺八箫，这种乐器源于中国，南宋时传到了日本。另一把箫是南音洞箫，又叫南管，也比较古老，在唐宋时期流行。”

虫鸣唧唧，此起彼伏。师父即兴吹奏一曲。声音婉转、悠长，带着几分萧索的况味，与此情、此境、此间，分外融合。

一曲终了，只觉山中无甲子，岁月不知年。秋虫声复一声，桂花香阵阵袭来。“与笛子和二胡不同，箫是吹给自己听的，前者娱人，后者悦己。它表现的不是技巧，而是内心。”

今年已经是一音禅师来到此地的第二个年头。此前，他在九华山，因一个偶然的机缘来到此地，初见此地山水，内心便觉欢喜，遂决意留下来。其间遇到种种困难与阻挠，但是凭着行禅的力量，他造出了一个近乎幻境般的存在。

NO. 4

弹琴饮茶，守心如一

某一年的四月，我在江南游历。适逢行者先生也在苏州的水乡同里，于是我们便相约在同里的一家名为“草堂”的地方相见。那天下午，我们坐在草堂的院子里的一株大玉兰树下喝茶。人间四月天的江南，阳光晴好，满树的白色玉兰花开得旺盛饱满。行者先生一袭白衣，立在树下。当时聊了什么话题，喝了什么茶，现在我已经忘记，但是，那美妙的场景却深深镌刻在脑子里。

在苏州习琴几年后，行者先生重新回到了北京。早在几年前在北京生活时，无论冬夏，他都着一身汉服，白色或者黑色，头发绾在脑后，仿佛穿越时空而来的人。他行走在现代化的都市森林里，常人看来未免有几分突兀，但他只是兀自行事，从不理会世俗的眼光。

行者先生对古琴的探索，始于 2007 年初。他受到林友仁先生启蒙，后师从古琴大家裴金宝。在苏州游学期间，习琴之余，他更前往各地，广泛求

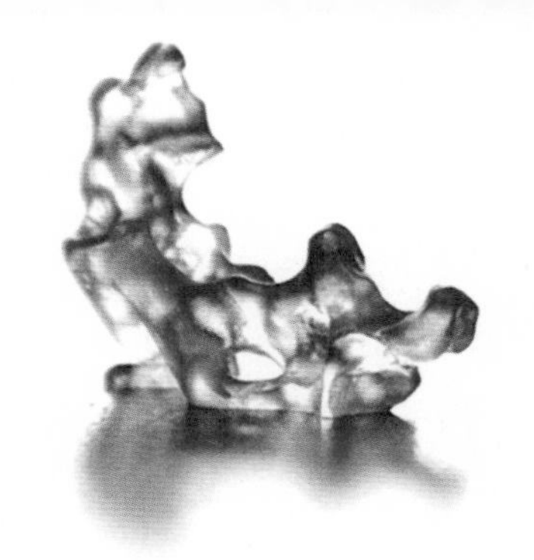

教、访问成公亮、叶名佩、吴钊等古琴大家。在此之前，他曾经吹奏尺八，但终究觉得自己的习性还是与古琴更为契合，于是终将自己的心志转到古琴的传习上来。

他位于北京的金玉琴馆，面积不大，但是极其雅致。墙上挂着书法、绘画作品，其中不乏傅抱石等大家之作。几案上摆着兰草、菖蒲，灵动秀气。其中一幅描绘观世音菩萨的作品，运笔着色张弛有度，颇有张大千的气韵。

行者先生爱琴，也爱茶。他专门在琴馆的一角布置了一个茶席。素色茶杯、公道杯、盖碗，并非名家之作，皆是常见之物，但是放在他的琴馆里，却自有一股脱俗的雅气。习琴之余，可以自己饮一杯茶，也可以寒夜客来茶当酒，与友人同饮。

“我特别喜欢听泡茶时煮水的声音，”他说，“让人好像有置身山间的感觉。”注水，出汤，香气徐徐，这是他最爱的岩茶水仙。“古人操琴，多以琴声诉诸心声，泡茶同样如此，也是一种情意的自然流露。”

“江浙与四川，都是古琴艺术兴旺之处。其他地方的古琴大家偏少。尤其是明代以后，苏州的古琴文化底蕴更是丰厚。古琴的九大流派，有近一半在江苏，如虞山派、广陵派、金陵派、吴门琴派，甚至近代颇为兴盛的梅庵派等，皆传承于此。近代的古琴大家中，也是有近一半的人是苏州人或在苏州传承古琴艺术。”他啜一口茶，徐徐道来。

吴门琴派的指法有别于其他琴派的指法，另外，吴门琴派也有它自己的一些特定曲目。“吴门琴派的指法像打太极一样，是有套路的。吴门琴派的一代宗师吴兆基老先生打了七十多年的太极拳，弹了七十八年古琴，他把太

极拳与古琴通融为一体，甚至专门写过一篇文章，探讨古琴与太极的结合。弹琴时，既不是用手臂的力，也不是用手指的力，而是用气。”

行者先生习琴用功，为了领会吴门琴派用气的奥妙，也曾专门向吴兆基先生的一位在世弟子学过吴兆基一脉相传的太极，俗称为“八大式”，着重于修习太极的八种劲道。其中最根本的是蓄劲与发劲，有蓄有发，阴阳平衡，刚柔相济，弹琴也是如此。弹琴的过程中，慢下来的就是蓄，快的就是发，这是吴门独有的奥义。

他又为我倒了一杯茶。“中国的文人琴与文人画一样，也区别于现在的学院派，同宫廷琴与宫廷画有很大区别。文人琴，顾名思义，是以文人的审美、独有的艺术手法为主的，弹奏的目的不是为了取悦人，或者说，不是以纯粹的演奏为主，而是表达一种修养、哲学与情怀，强调音乐哲学和音乐美学。”

“弹琴要留白，有变化，不能一股脑儿地弹完，缓急、松紧、快慢、张弛，它有自成体系的美学。现在很多人学琴，往往会把一些对西方音乐的理解融入进来，这就有点像喝茶时把岩茶、普洱茶之类的好茶混在一起冲泡，哪种茶的味道都出不来。”

行者先生言道，弹琴如饮茶，是为调心之用。所以，古人称弹琴为调琴。嵇康曾言：“众器之中，琴德最优。”听琴声可以感悟人心，心态好不好，都会直接在琴声上反映出来。泡茶也是如此，人要是心态不稳，泡出的茶就会味道杂陈。无论弹琴饮茶，都要守心如一。一个人的内在气象和阅历，在琴音里，也在茶汤里。看行者先生泡茶，内敛节制，这也是得益于他的修养。“炫耀的人，弹的琴就很花哨。听起来很精彩，但是不耐听，细听起来则会觉得听觉上很不舒服。”他坦诚地道，老一代琴人的德行对他的影响最大。

伏羲、周文王、孔子、蔡邕、白居易、范仲淹……聊起古琴的文化传承，行者先生往往滔滔不绝。琴棋书画，自宋明以来，便为文人雅士之所爱。“艺术离不开大自然，也离不开人。文化传承，第一要师古人，第二要师天地，第三要师自心。”

为此，行者先生也如行脚僧一般，花了几年的时间，走过三山五岳等许多名山胜水，峨眉山、黄山、青城山、灵岩山、雁荡山、泰山……他一路行走，探寻中国古琴艺术胜迹，也拜访名师大家，在山水中领略感悟琴声，感受琴人合一的境地。他信口吟出李白的《听蜀僧浚弹琴》一诗：“蜀僧抱绿绮，西下峨嵋峰。为我一挥手，如听万壑松。客心洗流水，余响入霜钟。不觉碧山暮，秋云暗几重。”“绿绮是古代四大名琴之一，为司马相如所有。李白和蜀地僧人浚法师的交游，是知音之交。李白纪念听琴的这首诗作，堪称天下第一琴诗，在于借天下名器，写天下名士。诗中的‘流水’与‘霜钟’

也都是古代琴曲的名字。峨眉山的万年寺，这个他们当年琴诗相酬的地方，至今仍在。后人还专门修建了一个绿绮亭，作为对他们的纪念。”

近些年，行者先生倡导复兴中国文人琴的琴脉，专注于最具有国学素养、诗书气息的琴韵。近期，中国古琴行业的领军者“天一琴茶”还专门请他录制了一张古典音乐大碟《古琴 Guqin》。他亲自撰写《中国古琴史概略》、琴曲名称、源流。他还集了苏东坡的书法做封面题字，一个是《归去来兮》帖里的“琴”字，一个是《次韵才辩诗帖》的“古”字。雪社社长、书画家莲先生用“弘一体”书写他的诗句“南风为我吟，琴书养我志气，士气恒长生，逍遥无所欲”，作为题记。中国当前身价最高的摄影师尹超为他拍摄CD封面。出版方还请了龙音公司——这个此前只出版管平湖、徐元白、吴景略、成公亮等划时代的古琴大家的国乐制作公司，来做录音、制作。

行者先生在苏州居住时，时常携琴上天平山弹琴、喝茶。天平山上有一间茶室，临山而建，翠树掩映，那一泓唐代的泉水仍在，哗哗而流。苏州一带，绿茶颇为出名。一曲古琴，一杯绿茶，尤其是春天，“红纸一封书后信，绿芽十片火前春”。

“白云山上白云泉，云自无心水自闲。何必奔冲山下去，更添波浪向人间。”这是白居易在苏州城南天平山上写下的诗句。他喜欢天平山的泉水，时常用之煮茶。白居易是一位琴人，也是品茶高手。品茶先备水，白居易自

是知道个中奥妙。想必白居易在公务之余，时常与朋友相聚，弹琴、烹茶，以此为乐事，否则也不会写出类似“坐酌泠泠水，看煎瑟瑟尘。无由持一碗，寄与爱茶人”或者“檐前新叶覆残花，席上余杯对早茶”之类的诗句。时至今日，白云山仍在，白云泉也仍在，琴声亦犹有余响。

暑往寒来，春复秋，经过新的古琴文化传承实践，行者先生也由此对古琴艺术、国学在城市里的前景，有了更深厚的信心。但他仍旧时常怀念那些在天平山喝茶、弹琴的日子。

NO. 5

通往心灵的幽径

光明兄将茶席布置在了刚刚搭建好的露台上，长长的廊道上，透过玻璃廊顶，可以看到天空。

光明兄着一袭白衣，脚踩一双布鞋，笑容明朗，显得洒脱自如。眼前的光明兄俨然是一个都市里的修行人。古筝乐曲绕耳，如闻仙乐而暂明。我们就在这阵阵乐声中，喝茶聊天。

喝茶是一条通往心灵的幽径。光明兄与茶结缘已有数年，去过云南的普洱茶山。去年的六月份，我们还同著名艺术家李玉刚先生一起去了西双版纳的勐海，探访古树茶。他也曾多次探访福建的武夷山，在三坑两涧寻访岩茶。多年下来，他自己也收藏了不少好茶，尤其是白茶。对于饮茶，他也颇有自己的心得体会。

“喝茶讲求的，第一是静。不可否认，我们置身的时代是一个商业时代。

现在，大家为名为利，奋勇向前。这其实无可厚非。但是，如果一个人一味追求名利，没有面对自己内心的时间，那么，一阴一阳，动静皆宜，人就会失去平衡。如果能在一杯茶中静下来，安住当下，你做出的决策自然也会不同。当我们的内心如湖水一般安静下来，那么我们就会更容易看清自己，看清别人。”

光明兄说，茶为水之母，道教中也讲到水的重要性。“上善若水，水利万物而不争。”“所谓静能生定，定方能生慧。”《道德经》里也说，至虚极，守静笃。“静到一定的程度，才能生发出更大的能量。”饮茶，会引导人往内走。饮茶，同样需要清静的内心。这就如同美国大修行者阿姜查在《宁静的森林水池》一书中所谈到的，“尝试保持正念，让事物自然展现。那样你的心就会在任何环境下都变得宁静，就像一个清澈的森林水池。各种珍稀动物会到池边饮水，你则能清晰地看透万物的真相。你会看到很多珍奇的事物来来去去，但是你始终宁静。这就是佛陀的喜悦。”这也是饮茶的喜悦。

“对于饮茶，还要有敬。这个敬，是恭敬，也是敬畏。”中国茶文化源远流长，值得我们尊敬。另外，茶来源于自然界，生于天地间，经由人之手而生命得到改变与升华，是自然界与人力共同作用下的精华。饮茶，最重要的是感受个体与生命宇宙的关系。所谓敬天爱人，茶的生命如同大自然的一切，值得我们心生恭敬。对于饮茶，对于中国文化，没有敬畏之心，便谈不上天人合一。

“茶如同中国传统文化中的音乐，体现的是一种平等精神。佛教讲众生平等，圣经的《马太福音》里也说，你想要别人怎样对待你，便要怎样对待别人。这种平等，体现的也是一种尊敬之心。”

饮茶如同光明兄在传统音乐领域的探索，也是一种修行的路径。艺无止境，需要的是内心的热爱。

一叶一菩提，一茶一世界。弱水三千，只取一茶饮。当下社会的发展，给人提供了各种选择的机会与可能性。每天同不同的朋友交流，获取不同的信息，看起来每天都热闹，但是人的心会变得浮躁，什么都想尝试，什么都想做，人反而会变得无所适从。现在，选择少，选择专注，反而可能更有力量。茶也是如此，六大茶类中，品种繁多，他也只选取自己最喜欢的茶喝。普洱茶、武夷山岩茶与老白茶是他的最爱。“找到真正适合自己的一条路径，不徘徊，不犹豫，不疑虑，坚定地走下去。”专注，才能有所专长。有所专长，才会成为某个领域内真正意义上的专家。

茶是一面镜子，从中可以照见一个人走过的路。光明兄创业颇早，从最初开办的艺术学校到现在的知音堂，已经走过了十八年的路程。他一路走来，年岁渐长，阅世也愈深。他也越来越倾向于反思自我。“我这几年越来越倾向于佛教中所讲的反观与观照自我，时刻提醒自己，做人做事毋忘初心。”

他认为，最终每个人都会踏上一条修行之路。这如同一种觉醒，或者觉知。这条路，或许曲径通幽，或许柳暗花明，无论路径如何，都是一条通往自我了解之路。“有钱的人很多，有名的人也很多，但是，内心能够真正充满欢喜的人却很少，真正能内在富足的人也很少。”

如何找到一条回家的路，找到到精神的原乡，找到一条自己的路，是摆在每个现代面前的心灵课题。对于不同的人而言，这条路可能是音乐之路，也可能是茶之路。

“这几年，包括喝茶在内，传统文化的传播看起来很热闹，但是细看之下，还是作秀的居多。热闹过后，究竟留下了什么？茶、古琴、古筝等的推广，需要与当下人的真实生活有所连接。还是那句话，至虚极，守静笃，只有文化的底蕴深厚了，才会有根基。”

“所谓文化，只有文，没有化是不行的。没有化，就没有创造，没有感动。”于是，他开始把身心灵的内容引入到传统音乐的传播中来。他把瑜伽、唱诵等与内心的修行结合起来，由此，给更多人带来了更多感动和生命的启发。

前段时间，光明兄去台湾拜访了紫藤庐主人、著名茶人周渝。“那天，老先生特意从阳明山上下来，给我泡茶，跟我聊天，平易近人。我喝到老先生泡的茶，内心特别感动。”他谈起来，至今仍回味不已。

从 2012 年 6 月他启动知音堂计划到现在，已经超过四年的时间。知音堂如同一个小小的道场，吸引了国内外诸多热爱中国传统文化和探索内在心灵的人前来。琼英卓玛、康菲尔德、彼德圣吉、热西才让旦、龚琳娜和老罗、张德芬……都曾是它的座上宾。“我在北京搞了十几年的传统音乐教育，有所反思。以古筝为例，如果只是把它当成一种美丽的传统乐器，一种演奏技艺来教授，那么，未免有些可惜。古人讲求以文载道，以文明德，那么，乐器是否也可以成为一种修行的道器？把道融进来，或许更加深刻，更加让人感动。”眼下，他正尝试以传统音乐为载体，融入琴棋书画诗酒茶香，实现文化的连接。

在四五年前，知音堂提出了“雅集”的概念 ，并且陆陆续续做了八百多场雅集，先后进入到美国的哈佛大学、普林斯顿大学等名校和联合国等。其中的许多场雅集，都有国内知名人士参加，还有很多场雅集都与茶、香等有关。活动频次多，可谓纷繁热闹。但是，细想之下，光明兄说，沉淀之后，真正能够让他感动的场次并不多。“如果把传统文化做成另一种秀，就不好了。所以，做对的东西，不一定要制造多大的表面上的影响力，但是一定要有价值，那就是价值影响。这也是我接下来要做的文化雅集的方向。”

人所要探究的，终究还是要回到生命本原上去。个体和宇宙的关系、内心如何更加富足、如何自利利他……他笑自己，现在考虑的可能更多的还是“术”的层面上的问题。人在世间，终究还是要行世间事。音乐或者饮茶，则是让人走向自己根本的内心。

NO. 6

眼前的每一杯茶都千载难逢

“喝茶，就是活在当下，活在眼前这一杯茶里。当下，是佛经里最小的时间单位。一小时60分钟，一分钟里有60秒，一秒里有60个刹那，一个刹那里有60个当下，就是一秒钟里有3600个当下。活在最小的时间单位里，如果每一个当下都活得饱满，那么你的生命都是饱满的。”

对一切美好的事物不可贪恋执着，更不可贪婪攫取。这是林清玄从品茶中悟出的道理。年轻时的林清玄也曾年少轻狂、急迫、混乱、没有方向，渴望世俗的所谓成功：有钱，有名，有影响力。后来他读到一本印度哲学书《至尊奥义书》，书里的第一页即写着：“一个人到了30岁，要把全部的时间用来觉悟。”再翻过一页，这页的文字同样令他震撼不已：“如果一个人在30岁还没有觉悟，那就是一步一步在走向死亡的道路。”

彼时的林清玄正好处在而立之年。他说，这几句话看得他满头大汗。无疑，林清玄是一个爱茶的人，他曾多次不远万里、长途跋涉到福建武夷山、

四川青城山等名山大川，寻求真正的好茶。他更是一个认真的人，为了探寻“吃茶去”的公案真谛，曾特意跑到了河北赵州的柏林禅寺寻求答案。而今，岁月倥偬，他更在意的是茶中所隐藏的真谛。“茶，南方之佳木。最宜精（精益求精、精致）、勤（勤快）、俭（质朴）、德（好品质）者。”味道的寡淡或浓郁，与财富的多寡无关，而是关乎心灵与智慧。“清时有味是无能，闲爱孤云静爱僧。”日本学者更把茶道的基本精神归纳为“和、敬、清、寂”。“一个人若要懂得茶道，一定要有一颗天真烂漫的心。”

在林清玄看来，懂得生活的品质，有真性情，才会进入到茶道的真实世界中。他强调：“喝茶是很单纯的事情，没有功利，没有世俗，也没有欲望在其中。”“单纯是现代人正在失去的东西。禅，即单纯的心、单纯的体会、单纯的意念。禅，是那一刻的单纯。无所求，无所挂念，无所追寻。”林清玄感叹说：“所谓茶要‘品味’，就是一口茶，要分成四口来喝。好好地喝这杯茶吧，因为这辈子再也喝不到与这杯一模一样的茶了。如果想到这些，你会喝得很慢，全部身心都进入到了这杯茶里，专注，从容，安静，单纯。茶道里讲，一生一会，当门相送。同眼前人喝茶，一辈子里也许只有这一次缘分。每一杯茶都是千载难逢，都是经过了漫长的时空的因缘，才在眼前呈现的。喝完茶后，你送朋友离开，站在门边，看他走远。这一送，可能就是咫尺天涯，再没有机会相见。好好体味你当下的人生，因为这般当下的人生，你也不会再体会到。”这般觉悟，当然来自于林清玄的清静禅心。茶与禅一样，都是一件非常专注的事情，都讲究静心。

只有把心放下来，才能更好地体味茶的味道，听到美好的音乐，看到自己内在的起伏。静心，使你的心安静下来，看到你自己。你的心如果能清澈，那么你心里的宝藏就会一一呈现。把心静下来，生命的方向和价值就会显现。

跋

做个自在喝茶人

哗哗哗……听起来，窗外的雨一阵比一阵密集，也一阵比一阵更为喧嚣。透过窗户看去，地上已经积攒了不知几尺水，漫过了台阶。路灯下，到处是明晃晃、水汪汪的。水波动荡，大有“何当共剪西窗烛，却话巴山夜雨时”的诗意。只是，此处是闽北的武夷山，而非四川的巴山。两地遥遥，隔了上千公里。

此刻，我们喝茶的地方距离下榻的酒店有相当的距离，走回去不太可能。偏偏几个人都不曾带雨伞出门。时间也已经接近深夜，想打到出租车是不可能的。我们彼此对视几眼，有着心照不宣的无奈：看来，是走不了了。

“走不了，那就安心继续喝茶吧。”正在为我们泡茶的老板仿佛洞悉我们的心思，如是笑着说。也是，面对已经发生的许多事情，最好能顺其自然地接受。

与其费尽心思等待雨停，不如安心享用眼前这杯茶。

五月的武夷山，采茶时节刚开始。湿漉漉的空气中，带着微微的凉意。裹挟着新鲜的泥土气息和草木气息，清新怡人，甚至也润泽了肺腑。流转的空气中似乎弥漫着武夷岩茶特有的“活甘清香”之韵味。

我们一行四人，来武夷山采风。四人中，只有现在已经移居泰国清迈的老周一人懂茶，算是资深的“老茶客”。他是做导游的，跑了许多地方，可谓见多识广。他讲起旅行中的冒险故事，时常听得我们目瞪口呆。老周身形高大，尤嗜茶，他甚至随身携带了一只自己的专用茶杯，美其名曰“蹭茶杯”。这只陶土烧制的茶杯看起来古朴粗放，倒与老周的不拘小节的处世为人风格相得益彰。

仿佛看出了我们的心不在焉，老板神秘地一笑，“既来之，则安之。我去给你们拿我的珍藏。”正疑惑间，他已经噌噌上楼，一阵窸窸窣窣后，又下得楼来，“我亲自做的正山小种，你们在外面绝对喝不到的。”他小心翼翼地拿出一个看起来貌不惊人的铁罐，将盖打开来，把里面的茶缓慢倒在茶则上。

武夷山向来因武夷岩茶和红茶而著称。岩茶的代表作有大红袍、肉桂、水仙等，红茶的代表作则正是正山小种以及后来流行一时的金骏眉。所谓“正山茶”，是相对“外山茶”而言的，即真正的“核心茶产区所产茶”之意，只有武夷山的核心茶产区才当得起“正山”二字。由于核心茶产区的面积较小，故所产茶的数量也不多，所以，正山的岩茶和小种价格都极为不菲。这些茶大多被爱茶者或者私人茶藏家早早收走，通常不会大规模地在市面上出现。即便出现，其中的品质上佳者也是千金难求。

史料记载，武夷山的正山小种是世界上最古老的红茶，创制于明朝中后期。早在 16 世纪末 17 世纪初，正山小种的美名就远播海外，经由荷兰商人带入欧洲，随即备受英国皇室青睐，并掀起风靡至今的“英式下午茶”风尚，影响到整个欧洲不说，甚至引发了一场茶叶战争。

眼前的正山小种安安静静地躺在茶则中，色泽乌润，漆黑油亮，仿佛在沉睡。将茶则拿在手中细嗅，松烟香中蕴含着一股淡淡的桂圆香，令人无比期待。水要重新煮，电热壶吱吱作响，不一会儿便开始冒热气。窗外，雨继续下着，哗哗哗……哗哗哗……我们几乎屏住了呼吸。

他的神情似乎也变得庄重起来。他温杯，投茶，一丝不苟，与刚才随意泡茶时判若两人。

当每个人面前薄薄的小白瓷杯中都被倒满茶汤时，空气中瞬间充盈了淡淡的甜香暖意。茶汤透亮、温润，金黄蜜色中又略略透着红色，仿佛极品的老蜜蜡一般，煞是好看。端起茶杯，松烟香、桂圆香、蜜香等徐徐香气既交织在一起，又彼此分明，形成一张密实的网，扑面而来。啜一口，滋味又是如此醇厚。上颚、舌面、两腮无不充满了淡淡甜蜜的感觉。这种甜是清透、充满活力的，并不会让人觉得腻。

一杯，又一杯。不觉间，我们都沉醉在了正山小种的茶香里，欲罢不能。宾主皆不再言语，只让心与眼前这杯茶，连同武夷山的夜雨连接在一起，融在一起。静极了，除了雨声。

“山堂夜坐，汲泉煮茗。至水火相战，如听松涛。倾泻入杯，云光潋滟。此时幽趣，未易与外人道也。”此刻，我们便在这灵秀的山间啊！我一念至此，不觉有万千感动涌出。

夜雨，似乎下得更酣畅了。

在一座城市，饮一杯茶

喜欢上了茶，搬了新家之后，我干脆把自己的客厅做成了一间茶室。

墙壁上挂着一幅热贡风格的金色唐卡、一幅云南艺术家的油画、一幅颇具文人雅趣的荷花水墨。草编的屏风之上，横挂着数条干枯的树枝。南非花梨木的博古架上，放着我搜集来的各式茶器茶具，其中不乏韩国、日本和中国台湾知名陶艺家的柴烧作品。宜家的长条桌子上铺着朋友送的暗金色藏式锦缎，再覆盖一方蓝色茶席巾、一张竹帘，放一只白色瓷盖碗、一个透明玻璃公道杯、数只茶杯，便营造出一方简约的茶天地。一把小宜兴朱泥紫砂壶、一只淄博陶泥水方、苗银茶针、竹制茶则，一应俱全。

博古架上，茶的种类更多。红茶有祁门野生红茶、哈尼梯田有机红茶，以及备受追捧的松烟香正山小种和金骏眉。岩茶有常规品种大红袍和肉桂，也有较为少见的水金龟和铁罗汉。普洱茶则以景迈山的古树料为主，因为收得早，价格倒也公道。

在我看来，饮茶的乐趣既在于独饮，也在于与友人共品。夜幕降临时，坐在茶席前，看着室外的 CBD 夜景、人间斑斓灯火，听着 iPod 里琼英卓玛的梵音吟唱，为自己或者朋友泡上一杯茶，内心便会洋溢着一种平静的喜悦。

近两三年，在北京这座看似粗糙的北方城市，在摩肩接踵的林立高楼间，涌现出了许多茶室，喝茶亦一时成为某种风尚。这些茶室，有的隐匿于胡同深处，门帘并不起眼，进去后发现，确实别有一番天地；有的藏身于写字楼，堪称真正的大隐隐于市，不熟识的人根本就不知道身边居然有这样一个内敛素净的世界；有的驻扎于某座四合院，一脚踏进去，红墙绿树，焚琴煮鹤，高山流水，颇有几分“庭院深深深几许”的感觉。

在雍和宫附近的国子监大街上，有一个可以喝茶的小院子。院子的门掩藏在一条胡同里，没有门牌号，没有名字，只在胡同口挂了两盏红灯笼，像暗号一般。

去年春天，我曾经与一位在银行工作的朋友去喝茶，同行的还有一位刘姓台湾资深茶人。在院子里喝茶的感觉实在是妙。柳絮轻扬，落在茶席上。门内的几株玉兰开得正好，硕大的白色花瓣落满枝头，如雪如银。墙角的竹子长出脆生生的新绿，清爽宜人。

我们每人带了一款茶，一位着浅灰素衣的小伙子为我们泡茶。最难忘的是那道武夷奇兰。他小心翼翼地将斑竹茶则中黝黑亮泽的奇兰投入一把小巧的紫砂壶中，缓缓注水，润茶，为我们洗杯，分汤。甫一入口，我便闻到一股馥郁饱满的香气，细品之下，更觉回甘畅快而清冽。

最妙的是下雨天。雨天，在胡同的茶室或是在四合院里喝茶，煮一壶普洱老茶头或老白茶，焚一支越南芽庄沉香，听着成公亮的古琴曲，《平沙落雁》或《春江花月夜》，简直是无上的享受了。就算什么都没有，只有一杯茶也是好的。阶前落叶无人扫，满院芭蕉听雨眠，闻着悠远茶香，也是一种意境。

似乎只是一壶茶的工夫，不觉间，新一年的春天又近了，又可以相约去小院喝茶了。

做个自在喝茶人

“采菊东篱下，悠然见南山。山气日夕佳，飞鸟相与还。”

远山、雾霭、飞鸟、篱笆、繁菊，远景近景，动静相宜。选择无为的陶渊明的生活状态，俨然是一方充满野趣的、流动的茶席。心境闲适，任运自在。一生爱酒的陶渊明，同样拥有一颗茶一般的“素人之心”。

写出“静故了群动，空故纳万境”这般灵动诗句的苏东坡，则是真正的自在喝茶人。都知晓他的“宁可食无肉，不可居无竹。无肉使人瘦，无竹令人俗”，其实，苏东坡同样信奉“无茶令人俗”，夏日祈雨后，行走于乡野间，他“酒困路长惟欲睡，日高人渴漫思茶，敲门试问野人家”，至于“汤发云腴酽白，盏浮花乳轻圆”则是写贡茶的。他无论在乡间喝茶，还是在庭中品茶，心境一样闲适自在。

与东坡同时代的文人中更是颇多好茶者，这大约与到了宋代，饮茶方式的变革有关。宋代的饮茶方式由煎煮变为冲泡，饮茶变得更为简洁方便。不独是苏东坡的好友黄庭坚写下“兔褐金丝宝碗，松风蟹眼新汤”之类的佳句，还有那喜欢吟金戈铁马的陆游也是一位品茶高手。通过“促膝细论同此味，绝胜痛饮读离骚”“一枕鸟声残梦里，半窗花影独吟中”“水品茶经常在手，前生疑是竟陵翁”之类的句子，我们大抵可以窥见这位侠义儒生内心的自在情怀。

崖山之后，明代的文人又将饮茶推至新的境界。明人饮茶，推崇独饮。独啜曰神，二客曰胜，三四曰趣，五六曰泛，七八曰施。在沈周的《煮茗图》、李士达的《坐听松风图》和唐寅的《品茶图》中，流露出的皆是“山中茅屋是谁家，兀坐闲吟到日斜。俗客不来山鸟散，呼童汲水煮新茶”之意境。

天地悠悠，独自品饮，古之饮茶者全然不惧现代人害怕和拼命逃离的孤独寂寞冷，内心的力量何其强大。或许，他们早已洞悉生命的本质原本就是孤独。他们通过饮茶，将这种孤独升华为一种美学艺术，一种与生命、与自我沟通的艺术。这种意境，也是一种难得的自在。

同样任性自在的，还有唐代茶圣陆羽的诗僧朋友皎然和尚。皎然，俗姓谢，系出名门，是南朝山水诗人谢灵运的十世孙。皎然和尚精于佛法，同时又工于诗作，文采清丽。这从他的诗歌中可见一斑。“晦夜不生月，琴轩犹未开。城东隐者在，淇上逸僧来。茗爱传花饮，诗看卷素裁。风流高此会，晓景屡徘徊。”

皎然太任性了，任性到“不欲多相识，逢人懒道名”的境地，只肯与陆羽及另外一位朋友韦早往来。某一天他前往拜访陆羽，孰料陆羽出远门尚未归来。于是，皎然心中怅然若失，赋诗一首。“远客殊未归，我来几惆怅。叩关一日不见人，绕屋寒花笑相向。寒花寂寂偏荒阡，柳色萧萧愁暮蝉。行人无数不相识，独立云阳古驿边。凤翅山中思本寺，鱼竿村口忘归船。归船不见见寒烟，离心远水共悠然。他日相期那可定，闲僧著处即经年！”

人生得一知己足矣。就这一点而言，皎然遇上陆羽，不得不说，这是成为忘年交的二人的幸运，也是中国茶文化的幸运。“九日山僧院，东篱菊也黄。俗人多泛酒，谁解助茶香。”最重要的是，澄澈的茶汤也让他们的心灵变得澄澈、宁静而有力。面对纷纷扰扰的世界，他们可以简单而自在地随心生活。

这种简单与自在，这种面对外界变化时应秉持的定力，恰恰是浮躁、焦虑的现代都市人缺乏的。工作之余，不如为自己沏上一壶茶，无论是普洱还是白茶，静静品饮，让这杯茶与自己的心联结，让自己直面生命的孤独，也感受生命的灵动。

春有百花秋有月。在喧嚣的都市里，即便寻找不到你生命中的陆羽，你仍可做一个自在的喝茶人。